Strandsteine

Sammeln & Bestimmen
von
Steinen an der Ostseeküste

von

Frank Rudolph

Wachholtz Verlag
2005

ISBN 3-529-05409-7

4. Auflage 2005
Wachholtz Verlag Neumünster

Inhaltsverzeichnis

Ein Wort vorweg...

Norddeutschland wurde durch mehrere Eiszeiten geformt. Bis zu 1000 m mächtige Gletscher transportierten gewaltige Mengen an Gesteinen aus Skandinavien südwärts, die sie aus ihrem natürlichen Verband (dem Anstehenden) herausgerissen hatten. Beim Abschmelzen der letzten Gletscher vor etwa 10.000 Jahren blieben diese sogenannten Geschiebe zurück. Die Steine, die sich an Steilküsten, auf Lesesteinhaufen oder in Kiesgruben finden, zeugen also von dem letzten großen erdgeschichtlichen Ereignis - der Eiszeit.
Am Strand kann man Steine aller Erdzeitalter finden. Sie stammen aus Norwegen, Schweden, Finnland, vom Grunde der Ostsee oder aus Estland. Hier in Norddeutschland kann man eine Wanderung durch 2 Milliarden Jahre Erdgeschichte und durch alle Gegenden Skandinaviens unternehmen, ohne weit zu reisen. Sogar Fossilien, Überreste einstiger Lebewesen, lassen sich am Strand relativ leicht finden.
Für das Buch wurden solche Steine ausgewählt, die besonders häufig, typisch oder leicht ansprechbar sind, damit der interessierte Laie die Unterschiede erkennen und die Gesteine unterscheiden lernt. Schon nach kurzer Zeit sollte der Leser rund ein Dutzend verschiedener Gesteine bestimmen können. Mit ein wenig Übung werden es schnell mehr. Das Buch soll anregen, selbst einmal auf die Suche zu gehen und einzutauchen in die Geschichte unseres Planeten.
Alle Fotos wurden in den letzten 2 Jahren an den Ostsee-Stränden Schleswig-Holsteins aufgenommen. Die gezeigten Objekte entstammen also nicht einem Museumskeller, sondern können überall entdeckt werden - auch heute noch. Jede Küste hat dabei ihre Besonderheiten. In Weißenhaus kommen sehr viele Kinne-Diabase vor. In Johannistal gibt es viele Småland-Porphyre. Am Brodtener Ufer sind kleine Schieferstückchen und schöne Granatamphibolite zu finden. Am Schönberger Strand und bei Heidkate sind Feuersteine mit Druckmarken nicht selten. Um Heiligenhafen gibt es neben dem Heiligenhafener Gestein viele Kalke mit Gletscherschrammen. Donnerkeile sind besonders häufig an den Steilküsten Wagriens und auf Fehmarn. An der nördlichen Eckernförder Bucht wird man besonders rote und braune Ostseequarz-Porphyre und Åland-Rapakivi-Granite entdecken. An den Küsten der Flensburger Förde trifft man vielfach auf dunkle Gesteine wie Basalte und Amphibolite. Und je weiter man nach Norden kommt, umso häufiger werden Rhombenporphyre und Larvikite.
Jede Küste ist eine wahre Schatzkiste für Steinesammler. Oftmals erkennt man Gesteine besser, wenn sie nass sind, aber nicht immer. Steine im Wasser sind häufig von Algen bewachsen, kommen sie frisch aus der Steilküste, sind sie oft lehmverkrustet. Bernstein findet man dort, wo kleine Holzstückchen und Seetang angespült sind. Donnerkeile liegen im groben Kies. Sammelmöglichkeiten gibt es natürlich auch im Binnenland. Die Lesesteine an den Feldrändern oder die riesigen Steinhalden in den Kiesgruben (Achtung! Begehungserlaubnis einholen!) bieten gute Fundmöglichkeiten für Geschiebe. Jeder mag selbst entscheiden, wo er am liebsten sammelt.
Aber Vorsicht! Wen einmal der Steine-Sammel-Virus gepackt hat, der kommt so schnell nicht mehr davon los.

Einführung

Schleswig-Holstein ist eines der schönsten Bundesländer - und es ist das einzige, das zwischen zwei Meeren liegt. Auf der einen Seite die Nordseeküste mit dem Wattenmeer, kilometerlangen, breiten Sandstränden mit den zahllosen Muschelschalen, mit den Gezeiten und den kleinen Halligen. Auf der anderen Seite die teils schroffen Steilküsten der Ostsee, die sich mehr als 10 m erheben, davor der steinige und recht schmale Strand, der angespülte Seetang und die herabgestürzten Bäume. Es sind die großen Gegensätze zwischen der flachen Marschlandschaft und dem ostholsteinischen Hügelland, die Schleswig-Holstein so reizvoll machen. Und, den Gletschern sei dank, dürfen wir diese Landschaft genießen. Richtig, ohne Gletscher, ohne die Eiszeit, würde es Schleswig-Holstein gar nicht geben. Lediglich einige wenige, winzige Inseln würden aus dem vereinigten Nord-Ostsee-Meer herausschauen. Denn was uns noch von anderen Ländern unterscheidet - bei uns gibt es keinen gewachsenen Felsen (mit winzigen Ausnahmen). Sand und Kies und Schotter, das ist Schleswig-Holstein, ein Erbe der Eiszeiten, aufgebaut aus Milliarden von meist zerriebenen Gesteinen. Und dieses Material gehört uns nicht einmal - fremdes Land, das bei uns eine neue Heimat gefunden hat.
Die Gletscher rissen aus dem gewachsenen Felsen der nordischen Länder riesige Brocken heraus, transportierten gewaltige Schuttmengen von Dänemark, Norwegen, Schweden, Finnland, vom Grund der Ostsee, aus Estland und dem restlichen Baltikum zu uns. Dieser Schutt blieb nach dem Abschmelzen des Eises liegen - und deswegen müssen sich nicht 2,7 Millionen Schleswig-Holsteiner auf dem Segeberger Gipsberg drängeln (auch wenn es bei einigen Musik-Veranstaltungen und den Karl-May-Festspielen in der Kalkberg-Arena manchmal fast den Anschein hat). Die Vielfalt der Gesteine am Strand, in Kiesgruben, auf Lesesteinhaufen oder sogar auf den Kieswegen ist fantastisch. Ein Strandspaziergang eröffnet den Blick in die gesamte Geologie des baltoskandinavischen Raumes. Steine aus dem Oslo-Gebiet liegen neben solchen von den Åland-Inseln oder von Bornholm. Einige Geschiebe sind 1000 km weit transportiert worden, andere stammen aus dem unmittelbaren Untergrund des Fundortes. Es gibt Gesteine mit einem Alter von über zwei Milliarden Jahren (das ist fast halb so alt wie die Erde!), andere sind zur Zeit der Dinosaurier entstanden und wieder andere sind "nur" wenige Millionen Jahre alt. Die ältesten Fossilien, die wir am Strand finden können, sind fast 550 Millionen Jahre alt, zeugen vom Beginn des Lebens und der kambrischen Explosion. Funde von versteinerten Lebewesen aus fast allen erdgeschichtlichen Epochen und aus allen Tiergruppen sind möglich. Und diese Vielfalt, die uns die Hinterlassenschaften der Eiszeiten bieten, ist fantastisch. Nirgendwo kann man so vielfältigen geologischen Fragestellungen nachgehen, wie an den Stränden der Ostsee zwischen Dänemark und Mecklenburg-Vorpommern. Das vorliegende Buch möge dazu Anleitung und Anregung zugleich sein.

Wie man mit Hamburgern und Cola die Eiszeit erklärt

Vor 115.000 Jahren begann es im Norden zu schneien. Zuerst nur ein wenig, dann immer mehr. Der Schnee taute auch im Sommer nicht mehr ab. Die Schneedecke wurde immer dicker, immer schwerer. Jeder von uns hat schon einmal eine Schneeball-Schlacht gemacht. Wenn man den Schneeball lange drückt, wird er zu Eis. Durch Druck wird aus dem Schnee Eis. Gletschereis entsteht durch Umkristallisation von Schnee. Die hexagonalen, sternförmigen Schneekristalle werden durch Alterung, speziell durch Schmelzen, zu rundlichen Körnchen umgebildet. Die zahlreichen Spitzen des Schneekristalls brechen ab. Aus einem riesigen Schneekristall wird ein winziges Eiskörnchen. Aus 80 cm Schnee wird 1 cm Gletschereis!
Es schneite immer mehr. Die Schneelast wurde so groß, dass das Eis an der Basis plastisch wurde und zu fließen begann. Ein Beispiel aus einer großen Kette von Schnellrestaurants: Wenn man in einen Hamburger beißt, spritzt hinten Ketchup heraus. Warum? Der Druck wird vorne zu groß, die Tomatensoße beginnt zu fließen, dorthin, wo der Widerstand am geringsten ist. Ähnlich verhält es sich mit dem Gletschereis. Es schneit weiter, der Druck wird größer und der Gletscher schiebt sich langsam vorwärts.
Die Gletscher über Schleswig-Holstein waren 300 m mächtig, d. h. es waren 24 km Schnee (übereinandergetürmt!) notwendig, um diesen Gletscher zu bilden. Und die Gletscher über Skandinavien waren 3 km mächtig, das bedeutet eine theoretische Schneedecke von 240 km Dicke! Die Folge: Alles Wasser der Nordsee (die Ostsee gab es zu der Zeit noch nicht) war im Gletscher gebunden, man konnte zu Fuß nach England gehen. Übrigens, eine 3000 m hohe Eissäule übt einen Druck von 2700 t / m² aus, das entspricht etwa 850 Elefanten pro Quadratmeter (= 2500 PKW oder 90 Millionen Mäuse, die sich nur leider sehr schlecht stapeln lassen).
Die Gletscher der Eiszeit haben Steine aus den nordischen Ländern zu uns gebracht. In dem gewachsenen Felsen Baltoskandiens gibt es kleine Risse. In diese Risse dringt Wasser ein. Das Wasser gefriert. Was passiert, wenn man eine Cola-Flasche in den Eisschrank legt? Sie platzt, weil das Eis sich ausdehnt. Und genauso platzten riesige Steinblöcke aus dem Felsen heraus, frieren im Eis fest und werden mitgeschleppt.
In dem gefrorenen Boden befinden sich viele kleine Steinchen. Das Eis und schiebt die großen Felsblöcke langsam über diese Steine hinweg. Die riesigen Blöcke werden wie mit Schmirgelpapier abgeschliffen. Feiner Sand poliert die Oberfläche, grobe und harte Partikel erzeugen Schrammen auf den Steinen. Einige Felsen wurden dabei zu Sand zerrieben, andere liegen heute fern der Heimat und total zerkratzt am Strand. Sie können wahrhaft spannende Geschichten von ihrer beschwerlichen Reise erzählen - wir müssen nur genau hinhören.

Die Kraft des Eises

Betrachtet man die Strandsteine genau, so kann man häufig Spuren erkennen, die von den gewaltigen Kräften der eiszeitlichen Gletscher zeugen. Da gibt es geschrammte und gekritzte Geschiebe, Druckmarken auf der Oberfläche, zerbrochene und wieder verkittete Steine, Sichelsprünge und Parabelrisse, im Schmelzwasserstrom abgerollte Steine und vieles mehr.

1. Große und kleine Gesteinspartikel, die im basalen Eis des Gletschers festgefroren sind, werden über den Untergrund geschoben. Dabei wird das Grundgebirge geglättet und die Gesteinsbrocken im Eis werden geschliffen, zerkleinert, kantengerundet, geschrammt und gekritzt. Auf diese Weise entstehen die Gletscherschrammen. Sie zeigen an, in welcher Richtung das Geschiebe vom Gletschereis transportiert wurde. Häufig ist dabei eine wechselnde Transportrichtung, erkennbar an gekreuzten Gletscherschrammen, zu beobachten.

2. Auch Parabelrisse weisen auf die Beanspruchung von Felsflächen durch den Gletscher hin. Parabelrisse zeigen mit der konkaven Seite in Richtung der Gletscherbewegung. Sie haben keine Ausbrüche. Ähnlich, aber meist deutlich größer sind Sichelbrüche, die sich gelegentlich auf Findlingen, vor allem aber auf dem kristallinen Grundgebirge in Skandinavien finden. Sichelbrüche besitzen einen keilförmigen Ausbruch. Sie zeigen mit der konvexen Seite in Richtung der Gletscherbewegung. Sichelbrüche und Parabelrisse entstehen, wenn Gesteins-Blöcke ruckartig über den Untergrund geschoben werden.

3. - 4. Druckmarken und Ausbrüche entstehen durch starken Druck, den der Gletscher auf das Gestein ausübt oder wenn im Eis zwei Steine gegeneinander oder auf felsigen Untergrund gepreßt werden.

5. Manche, meist relativ weiche Gesteine, sind von dem Gewicht der Gletscher regelrecht zerquetscht worden. Später wurden die Risse im Gestein durch Kalk oder Kieselsäure wieder verkittet.

6. Im Schmelzwasser des Gletschers können durch die gewaltigen Strömungen tonnenschwere Felsblöcke wie Spielbälle mitgerissen werden. Viele kleinere Gesteine schlagen immer wieder gegeneinander, runden sich ab. Solche, im Schmelzwasserstrom abgerollten Gesteine kann man in vielen Kiesgruben finden, in denen sich Schmelzwassersande abgelagert haben. Am Strand sind diese Steine leicht mit solchen Steinen zu verwechseln, die von den Wellen der Ostsee abgerundet wurden.

7. Windkanter entstehen, wenn sandbeladener Wind in vegetationsarmen Gegenden über lange Zeit hinweg ungestört über freiliegende Steine weht. Durch den Windschliff erhält der Stein eine oder mehrere Kanten. Windkanter entstanden in Norddeutschland während der Periglazialzeiten, in Tundren oder Polarwüsten.

8. Bei Feuersteinen entstehen aufgrund ihrer Härte und Zähigkeit keine Kanten. Sie werden vielmehr vom Wind poliert, bekommen einen charakteristischen speckigen Glanz („Firnis“).

1

2

3

4

5

6

7

8

Grundlagen der Gesteinsbestimmung

Um ein Gestein richtig zu bestimmen, muss man seine Bestandteile erkennen. Die meisten Gesteine (beispielsweise Granit) bestehen aus verschiedenen Mineralen, nur selten kommt nur eine einzige Mineralart im Gestein vor (z. B. Quarzit). Bekannt und berühmt ist der Satz „Feldspat, Quarz und Glimmer, die drei vergess' ich nimmer". Und damit sind schon die drei wichtigsten Minerale genannt, die uns in den Gesteinen am Strand häufig begegnen.

„*Feldspat*" ist eine Sammelbezeichnung für eine Mineralfamilie. Es gibt Kalium-, Calcium- und Natrium-Feldspäte. *Kalifeldspäte* sind rosa, rot oder braun, seltener auch weiß. Sie können große Gesteinsbestandteile bilden. Kalifeldspat ist ein häufiges Mineral in Graniten, stellt oft Einsprenglinge in Porphyren. Calcium- und Natrium-Feldspäte sind Mischkristalle, die unter dem Namen „*Plagioklas*" zusammengefasst werden. Plagioklas kann weiß, grün oder gelb sein. Er bildet kleine, manchmal stäbchenförmige Kristalle oder Säume um größere Kalifeldspäte. Er ist häufig in basischen Gesteinen (z. B. Basalt, Diorit). Feldspäte sind leicht an den spiegelnden Bruchflächen zu erkennen.

Quarz ist durchscheinend, hart und bricht muschelig. Seine Farbe reicht von weiß über grau und blau bis bräunlich. Quarz (Kieselsäure) kann in verschiedenen Varietäten wie Bergkristall, Achat, Chalcedon oder Feuerstein vorkommen.

Glimmer bildet hauchdünne Plättchen, die das Licht deutlich reflektieren. Er ist sehr weich und kann mit dem Fingernagel geritzt werden. Man unterscheidet hellen Glimmer (Muskovit) von dunklem Glimmer (Biotit). Es gibt auch rötliche Varianten (Lepidolith) und den grünen, glimmerähnlichen Chlorit.

Zu den „*dunklen Mineralen*" gehören neben dem *Biotit* vor allem *Hornblende* (als Vetreter der Amphibole) und *Augit* (als Vertreter der Pyroxene). Augit bildet kleine, gedrungene Kristalle, Hornblende eher längliche Stäbchen. Basalt, Diabas und Diorit führen meist Augite. Granit, Gneis und Amphibole enthalten in der Regel Hornblende.

<u>Abbildungserklärung</u>:
oben links: Pegmatit mit rosa Feldspäten, milchig weißem Quarz und dünnen, glitzernden Glimmerplättchen.
oben rechts: Licht reflektierende Feldspat-Bruchfläche eines großen Kristalls in einem Pegmatit.
unten links: Diorit mit dunklem Augit und hellem Plagioklas.
unten rechts: Amphibolit mit weißem Quarz, dunkler Hornblende und roten Granat-Kristallen.

Grundlagen

Wichtig für die Bestimmung eines Gesteins ist neben seiner Zusammensetzung auch seine Struktur, bzw. das *Gefüge*, also die Anordnung der Minerale im Raum. Bei genauer Betrachtung kann man viele Informationen über die Entstehungsgeschichte eines gefundenen Gesteines erhalten.

Sind im gesamten Gestein deutlich voneinander getrennte Mineralkörnchen erkennbar, liegt ein *kristallines Gestein* vor. Sind die Mineralkörnchen regellos im Gestein verteilt, dann handelt es sich meist um ein magmatisches Gestein, z. B. Granit. Anhand ihrer Größe kann man *fein-, mittel-, grob-, groß-* und *riesenkörnige* Gesteine unterscheiden. Sind die einzelnen Körner so klein, dass man sie nicht einmal mit einer Lupe erkennen kann, nennt man das Gestein *dicht*. Sind alle Komponenten in etwa gleich groß, so ist das Gestein *gleichkörnig*, anderenfalls wäre es *ungleichkörnig*.

Liegen einzelne, große Kristalle in einer feinkörnigen Grundmasse, so spricht man von *Einsprenglingen*, das Gestein ist *porphyrisch*. Manchmal sind diese Einsprenglinge zoniert, also außen hell und innen dunkel, oder alle Einsprenglinge haben eine ähnliche Form. Wichtig für die Bestimmung ist auch die Frage, ob verschiedene Mineralarten als Einsprenglinge (unterschiedliche Farben) vorkommen?

Umwandlungsgesteine (Metamorphite) entstehen unter Druck und Hitze oft in großer Tiefe aus anderen Gesteinen. Dadurch sind die Kristalle miteinander verwachsen, z. T. haben sich auch neue Kristalle gebildet. Das Gestein weist eine *Bänderung, Streifung* oder *Schieferung* auf. Es scheint, als wären die ursprünglich runden oder eckigen Minerale flachgedrückt worden. In Wirklichkeit sind diese Kristalle im rechten Winkel zur Richtung des stärksten Druckes gewachsen. Vor allem die dunklen Minerale (Hornblende, Biotit) richten sich so im Gestein aus; bei zunehmendem Druck auch Quarz und Feldspat. Sind Einsprenglinge, sofern vorhanden, zerbrochen? Auch dies zeugt von großem Druck, dem das Gestein ausgesetzt war. Wird ein Gestein bei hohen Temperaturen und Drücken unvollständig aufgeschmolzen, spricht man von Migmatiten.

Sedimentgesteine zeigen in der Regel eine deutliche *Schichtung*. Sedimente entstehen häufig im Meer. Am Meeresgrund lagert sich eine Sand- oder Kalkschicht nach der anderen ab. Sedimente werden deshalb auch als Schichtgesteine bezeichnet. Sie können mit dem Geologenhammer leicht aufgeschlagen werden.

<u>Abbildungserklärung</u>:
oben links: gleichkörniger und feinkörniger Granit.
oben rechts: Porphyr mit Einsprenglingen in einer dichten Grundmasse.
unten links: Gneis mit Streifen dunkler Minerale.
unten rechts: Sandstein mit parallel verlaufenden Sedimentschichten.

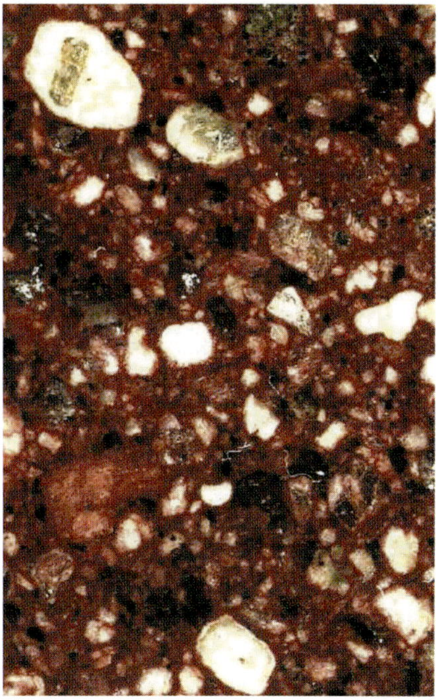

Bestimmungsmerkmale

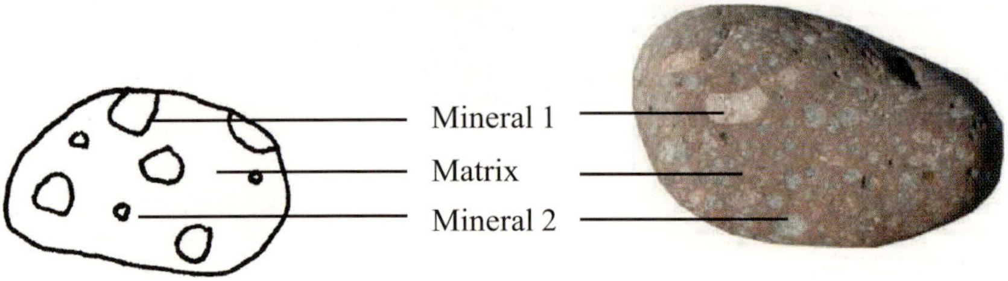

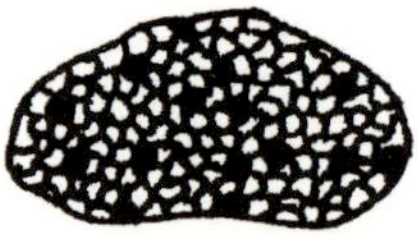

feinkörnig und gleichkörnig

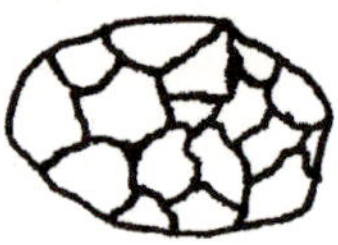

grobkörnig und gleichkörnig

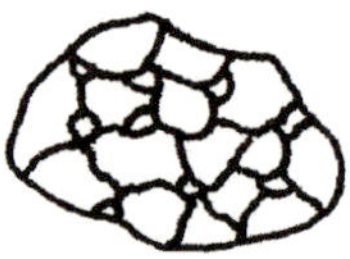

ungleichkörnig, richtungslos

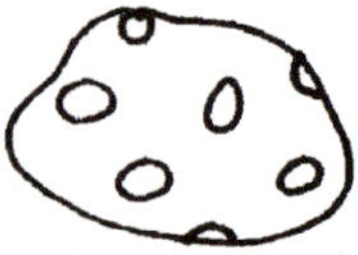

mit Einsprenglingen in dichter Grundmasse

gestreift

geschichtet

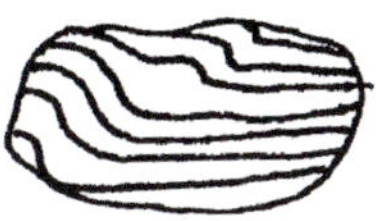

mit Falten

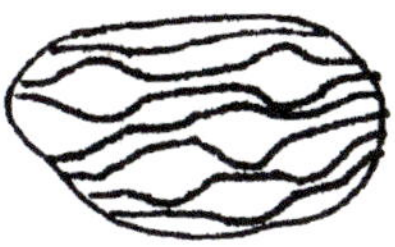

mit Augen

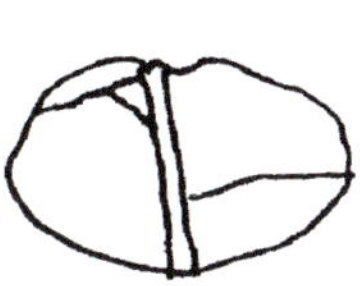

mit Adern oder Rissen

Wichtig für die Bestimmung eines Gesteins sind natürlich auch seine Farbe und sein spezifisches Gewicht. Wenn man einen gleichgroßen schwarzen und weißen Stein gegeneinander abwägt, so wird man feststellen, dass ein weißer Kalkstein sehr viel leichter ist, als ein schwarzer Basalt.

Schrägschichtung

Sedimentschichten sind normalerweise horizontal abgelagert, aber natürlich gibt es Ausnahmen. In Flussmündungen, an der Brandungszone von Küsten, durch Änderung der Strömungsrichtung oder durch Aufschüttungsvorgänge kann es zu schräg abgelagerten Schichten kommen. Bei dem abgebildeten Sandstein haben sich auf die basale, horizontale Sedimentlage durch Strömung von links neue Schichten diagonal aufgelagert. Ihre Oberseite wurde „gekappt", neue Schichten wurden diesmal von rechts geschüttet. Beim mehrfachen Wechsel der Schüttungsrichtung entstehen charakteristische Schrägschichtungsgefüge.

Chiasma-Sandstein

Bei einigen unterkambrischen Sandsteinen scheinen sich „Schichten" zu kreuzen. Violette, dünne Streifen ziehen diagonal durch einen in der Grundfarbe gelblichen Sandstein, durchkreuzen einander. Dabei handelt es sich n i c h t um Sedimentschichten, sondern um rhythmische Fällungen von Mangan- oder Eisen-Verbindungen. Man spricht bei solchen Funden von „Chiasma-Sandstein". Das Gestein entspricht wohl meist dem Kalmarsund-Sandstein von Öland. Echte Sedimentschichten kann man an unterschiedlicher Körnung, Auswitterung oder an den Spaltflächen erkennen. Eine parallele Ober- und Unterseite zeugen von der wahren Ausrichtung des Gesteins.

Verwitterung

Auch Steine halten nicht ewig. Sie sind ständig wechselnden Witterungseinflüssen ausgesetzt, werden ganz langsam zerstört. Der Einfluß von Sonne und Regen, Schnee und Eis, Wind und anderen Klimafaktoren wirken zersetzend auf das Gestein ein. Man unterscheidet chemische und physikalische Verwitterung. Saurer Regen und kohlensäurehaltiges Grundwasser lösen einige Minerale langsam auf. Sonnenstrahlen erwärmen das Gestein. Temperaturschwankungen lassen Teile des Gesteins abplatzen. Einige Kreidekalke, manche Schiefer, das Heiligenhafener Gestein und andere Gesteine zerfallen während einer Frostperiode vollständig (Foto rechts oben). Deutliche Verwitterungserscheinungen kann man auf der Oberfläche großer Findlinge beobachten. Glimmer verwittert schnell, Feldspat langsamer (Foto rechts unten); Quarz kaum. Bei einigen Diabasen kann man eine schalige Verwitterung beobachten (Foto links unten). Manchmal sind Granite schon in der Steilwand so weich, dass man ein Messer hinein stecken kann. Weiße oder selten auch rote Schlieren in der Steilküste deuten auf eiszeitlich zerriebene Kalke hin. Viele Gesteine besitzen eine, manchmal mürbe oder weiche, Verwitterungsrinde, die bereits durch farbliche Veränderungen oder Ausbleichung erkennbar ist.

Das Sammeln

Angefangen hat es meist ganz harmlos. Bei einem Strandspaziergang entdeckt man einen Stein, der durch seine Farbigkeit, seine besondere Form oder sein regelmäßiges Muster auffällt. Er wandert sofort in die Jackentasche, wo sich während der nächsten Minuten noch zahlreiche weitere Funde einfinden. Zu Hause wird geforscht und gefragt, welche Schätze man gefunden hat. Ein Seeigel, ein Donnerkeil und ein Stück „Ostseejade" - eine gute Ausbeute für den Anfang. Beim nächsten Strandspaziergang ist der Blick stets nach unten gerichtet, und so füllen neue Funde das Regal im Wohnzimmer. Mit der Zeit wird das zufällige Sammeln durch das gezielte Suchen abgelöst. Die Vielfalt der Strandsteine ist beeindruckend, so vieles gilt es zu entdecken. Da liegen Steine, die mehr als 2 Milliarden Jahre alt sind neben solchen, die erst vor wenigen Millionen Jahren entstanden sind. Das Eis hat sie vor Jahrtausenden aus ihrer skandinavischen Heimat herausgerissen und hier abgelagert. Das Grundgebirge von Norwegen, Schweden, Finnland und Estland, vereint auf hundert Metern Strand, dazwischen Fossilien aller Erdzeitalter - nirgendwo sonst ist die geologische Vielfalt so groß wie am Ostseestrand.

Schließlich wird der Hammer zum ständigen Begleiter am Strand. Das Aufschlagen der Steine ist wie das Blättern im Bilderbuch der Erdgeschichte. Der Blick wird geschärft, auch was die mögliche Konkurrenz betrifft. Trägt der Strandwanderer Stiefel, Rucksack oder gar Geologenhammer oder ist es ein harmloser Spaziergänger, so wie man selbst noch vor wenigen Jahren? Am Strand wird gegrüßt, was sich bewegt, und was sich nicht bewegt, wird aufgeschlagen oder eingesackt. Viele Funde kann man schon selbst ansprechen, wo Schwierigkeiten auftreten, hilft der Fachmann beim Bestimmen. Man trifft sich mit Gleichgesinnten, Sammlergruppen gibt es in vielen Orten. Gemeinsame Exkursionen werden geplant. Es folgt ein eingehendes Literaturstudium, das Fachwissen wird größer. Längst ist die Vitrine im Wohnzimmerschrank zu klein geworden. Spezielle Sammlungsschränke müssen her, man zieht in den Keller. Damit der Kontakt zur Familie nicht ganz abreißt, kommen die Angehörigen gelegentlich in die heiligen Gewölbe. Es ist übrigens ein Gerücht, dass man im Keller wohnen muss, weil man sich mit dem „Steinesammel-Virus" infiziert hat und nun am „Steinefieber" leidet.

Urlaubsziele werden nur nach dem Steinreichtum der Strände ausgesucht. Und wenn der Rucksack nicht wenigstens 25 kg wiegt, war die Tour nicht von Erfolg gekrönt. Zu Hause werden die Funde sortiert, bestimmt und katalogisiert. Und um die Sammlerfreunde an den neuen Funden teilhaben zu lassen, fotografiert man die besten Stücke und stellt sie sogar ins Internet. Die Sammlung wächst, man setzt Schwerpunkte. So ganz allmählich wird man zu einem Kenner auf seinem Gebiet. Und was man nie für möglich hielt, ist am Ende eingetreten: Man ist ihr doch erlegen - der Faszination der Steine.

Die Einteilung der Gesteine

Man unterscheidet magmatische, metamorphe und sedimentäre Gesteine.

Magma ist geschmolzenes Gestein, das bei einem Vulkanausbruch an die Erdoberfläche gelangt (Vulkanite), in Gängen erstarrt oder in der Tiefe auskristallisiert (Plutonite). Erstarrt die Gesteinsschmelze (z. B. aus einer Lava) schnell, bleiben die Minerale klein. Bei Magmatiten, die nur langsam erstarrt sind, konnten sich sehr viel größere Kristalle bilden. Porphyre sind vulkanische Ergussgesteine, die zahlreiche Einsprenglinge in einer gleichförmigen Matrix enthalten. Auch der Basalt ist ein vulkanisches Gestein, ist aber sehr feinkörnig und arm an Kieselsäure (Quarz).

Sedimentgesteine sind durch Ausfällung von Kalk, Anhäufung von Gehäusen abgestorbener Tiere oder durch Verwitterung anderer Gesteine (meistens) im Meer entstanden. Man unterscheidet Kalkstein, Sandstein, Schiefer und einige andere.

Metamorphite sind Umwandlungsgesteine. Durch den Druck infolge von Überlagerung, dem Einwirken tektonischer Kräfte oder durch hohe Temperaturen können Gesteine umgewandelt bzw. neu gebildet werden. Die Metamorphose von magmatischen Gesteinen führt zur Bildung von Orthogesteinen. Ist ein metamorphes Gestein aus einem Sediment entstanden, spricht man von einem Paragestein.

Eine vereinfachte Gruppen-Einteilung:

- Sedimentite
  - Kalkstein
  - Sandstein
  - Konglomerat
  - Schiefer
  - Feuerstein
- Magmatite
  - Vulkanite
    - Porphyr
    - Basalt
    - Diabas
  - Plutonite
    - Granit
    - Pegmatit
    - Diorit
    - Gabbro
- Metamorphite
  - Orthogesteine
    - Granitgneis
    - Amphibolit
    - Charnockit
    - Eklogit
    - Granulit
  - Paragesteine
    - Hornfels
    - Glimmerschiefer
    - Phyllit
    - Quarzit
    - Marmor
  - Migmatite

Abbildungserklärung: Reihen von oben nach unten: Sedimente, Vulkanite, Plutonite, Metamorphite.

Geologisches...

Xenolithe sind Fremdgesteinseinschlüsse in magmatischen Gesteinen. Meist handelt es sich dabei um Reste nicht vollständig aufgeschmolzener älterer Gesteine, die in einem Granit eingebettet sind. Sie können in großen Geschieben mehrere Dezimeter Durchmesser haben, im Anstehenden noch erheblich mehr. Ihre Zusammensetzung variiert.

Durch Erdbeben oder tektonische Kräfte können in einem bereits erstarrten Gestein **Klüfte, Risse** oder **Spalten** entstehen. Magmen (z. B. Basalt, s. o.) können später in solche Spalten eindringen. Als Kluftfüllung können auch Minerale auftreten, die in hydrothermalen Wässern gelöst sind und in den Hohlräumen auskristallisieren.

Granit

Alter: 0,3 bis 1,9 Milliarden Jahre.
Herkunft: Norwegen, Schweden, Finnland; weit verbreitet.
Beschreibung: Granit ist ein magmatisches Tiefengestein. Er besteht aus Feldspat, Quarz und Glimmer. Ist die Gesteinsschmelze langsam abgekühlt, so konnten sich große Kristalle bilden, der Granit ist grobkörnig. Ist die Schmelze schnell abgekühlt, dann sind die Minerale klein geblieben, das Gestein ist feinkörnig. Die Minerale sind regellos verteilt, eine Streifung ist nicht vorhanden. Die Grundfarbe der Granite ist meist rötlich, manchmal gelb oder weiß. Dunkle Minerale spielen nur eine untergeordnete Rolle.
Granit ist an allen Stränden der Ostseeküste sehr häufig.
Häufigkeit: häufig.

Rödö-Rapakivi-Granit

Alter: 1,5 Milliarden Jahre.
Herkunft: Insel Rödö, östliches Mittelschweden.
Beschreibung: Rödö-Gesteine fallen am Strand durch ihre blutroten Feldspäte auf. Das Gestein hat einen porphyrischen Charakter; es scheint, als lägen die mehrere Zentimeter großen Feldspäte in einer ebenfalls rötlichen Matrix. Kleinere, etwas hellere Feldspäte in der Matrix sind häufig von kleinen Quarzen durchwachsen (vgl. Schriftgranit). Quarz liegt zudem in großen, runden Körnern vor. Die Farbe des Quarzes ist hellgrau bis durchscheinend. Plagioklas kommt in wenigen, gelblichen Kristallen vor.
Auffallend sind weiße Aggregate von Calcit, die dem ähnlichen Rödö-Granit auch den Namen Kalk-Granit eingebracht haben, aber nicht in allen Blöcken anzutreffen sind.
Häufigkeit: selten.

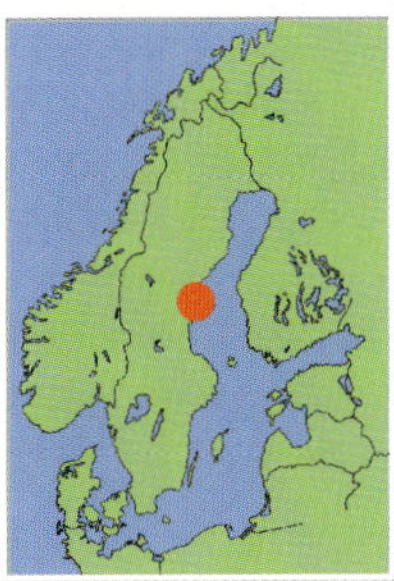

Åland-Rapakivi-Granit

Alter: 1,6 Milliarden Jahre.
Herkunft: Åland-Inseln.
Beschreibung: Ein blass-fleischroter Granit mit grauen Quarzen und deutlichen rötlichen Orthoklas-Feldspäten, die von Plagioklas-Ringen umwachsen sind. Die Ringe sind im frischen Zustand grünlich, später gelblichgrau. Ganz ausgewittert hinterlassen sie deutliche Narben im Gestein. Die typischen Plagioklasringe machen das Gestein nahezu unverwechselbar.
Der ähnliche finnische Rapakivi ist meist etwas blasser und die Feldspatkristalle sind deutlich größer als beim Åland-Rapakivi.
Häufigkeit: gewöhnlich.

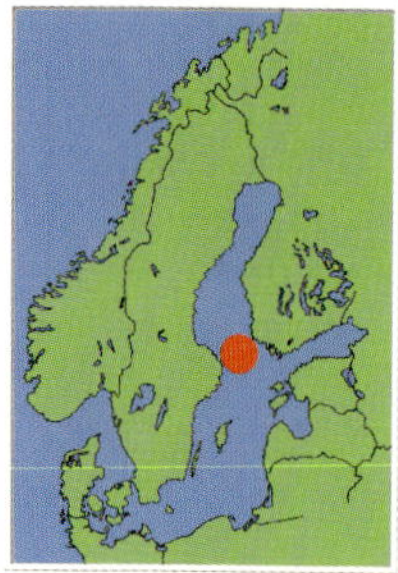

Prick-Granit

Alter: 1,6 Milliarden Jahre.
Herkunft: Åland bis Finnland.
Beschreibung: Ein fein- bis kleinkörniger Granit, dessen Mineralkörner mit dem bloßen Auge gerade noch sichtbar sind. Die Grundfarbe ist in der Regel rosa, kann aber von hellgelb über hellbraun bis fast braunrot variieren. Der Quarz ist dunkelgrau. Bei genauem Hinsehen erkennt man, dass die Grundmasse meistens aus miteinander verwachsenem Quarz und Feldspat besteht. Das wichtigste Kennzeichen ist der zu kleinen (1-2mm ø) „Pricken" vereinigte Biotit. Das Gestein sieht dadurch deutlich gefleckt aus.
Häufigkeit: häufig.

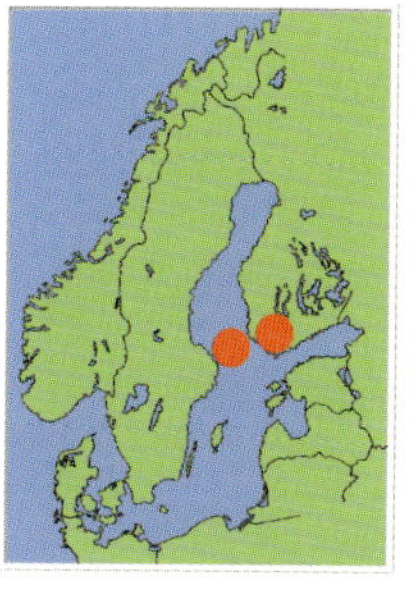

Filipstad-Granit

Alter: 1,8 Milliarden Jahre.
Herkunft: Värmland.
Beschreibung: Filipstadt-Granite gibt es in einem großen Gebiet, das sich von Östergötland über Närke bis Dalarna erstreckt. Zahlreiche Abarten sind bekannt. Charakteristisch sind rosagraue bis braunviolette, rundliche Feldspäte, die von hellen Plagioklas-Ringen umsäumt sind. Damit erinnern sie ein wenig an die Åland-Rapakivis, sind aber viel bunter. Nicht alle Kalifeldspäte besitzen diese Ringe. Plagioklas kommt auch in kleineren Körnchen vor, ist weiß oder gelblich. Der Quarz ist grau bis blau, je nach Herkunftsgebiet. Dunkle Minerale (Hornblende und Biotit) sind in kleinen Nestern angeordnet.
Häufigkeit: gewöhnlich.

Stockholm-Granit

Alter: 1,8 Milliarden Jahre.
Herkunft: Uppland.
Beschreibung: Stockholm-Granit ist weiß bis hellgrau. Die einzelnen Mineralkörnchen sind in der Regel unter 2 mm groß; der Granit ist feinkörnig und gleichkörnig (s. S. 18). Beide Feldspäte kommen vor: Kalifeldspat grau bis grauweiß, Plagioklas etwas heller oder ganz weiß. Auch der Quarz ist grau. Einige dunkle Glimmerschüppchen (Biotit) liegen gleichmäßig in der Matrix verteilt.
Der Stockholm-Granit ist sehr homogen. Gelegentlich kommen jedoch größere Xenolithe vor.
Häufigkeit: gewöhnlich.

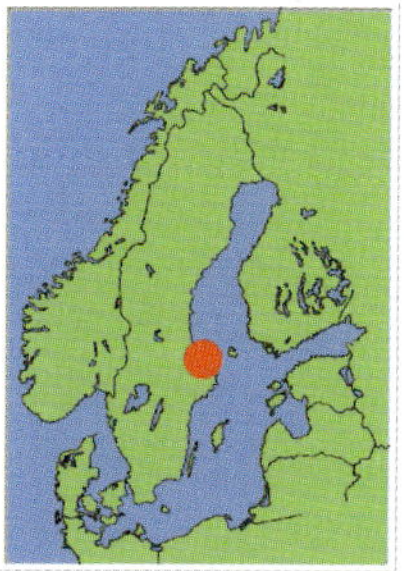

Uppsala-Granit

Alter: 1,9 Milliarden Jahre.
Herkunft: Uppland.
Beschreibung: Uppsala-Granit gehört zusammen mit dem Sala- und dem Stockholm-Granit zu den schwarz-weißen Uppland-Graniten, die nicht immer leicht voneinander zu unterscheiden sind. Uppsala-Granit führt weißen Plagioklas und Kalifeldspat, blaugraue Quarze und einen erheblichen Anteil an dunklen Mineralen, die in Nestern zusammen liegen. Hier überwiegt Hornblende, aber auch dunkler Glimmer (Biotit) ist vorhanden. Das Gestein wirkt dadurch deutlich schwarzfleckig. Die dunklen Minerale verwittern schneller als die hellen Bestandteile des Gesteins, die Oberfläche wird dadurch narbig.
Häufigkeit: gewöhnlich.

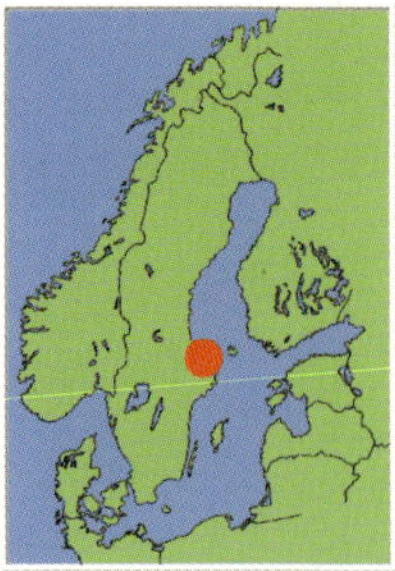

Sala-Granit

Alter: 1,9 Milliarden Jahre.
Herkunft: Uppland.
Beschreibung: Der Sala-Granit steht zwischen dem Uppsala- und dem Stockholm-Granit. Er ist mittelkörnig, enthält neben den dominierenden grauweißen Feldspäten (Plagioklas und Kalifeldspat, die sich hier nur schwer unterscheiden lassen) Biotit und Hornblende, jedoch deutlich weniger als der Uppsala-Granit. Quarz ist grau bis blaugrau und kann mehr als ein Drittel des Gesteins ausmachen. Das Gestein wirkt weiß mit schwarzen Tupfen, erinnert an das Fell eines Dalmatiners.
Der Sala-Granit ist der älteste Granit Schwedens, der als Geschiebe vorkommt.
Häufigkeit: gewöhnlich.

Karlshamn-Granit

Alter: 1,4 Milliarden Jahre.
Herkunft: Blekinge.
Beschreibung: Karlshamn-Granit besitzt 1 bis 5 cm große, fleischfarbene, rötliche oder rosabraune Kalifeldspäte, die mehr oder weniger deutlich rechteckig und häufig eingeregelt sind, d. h. ihre Längsachsen weisen in dieselbe Richtung. Am frischen Bruch kann man beobachten, dass die Kalifeldspäte oft Karlsbader Zwillinge sind: im Licht spiegelt immer nur eine Hälfte der miteinander verwachsenen Kristalle. Plagioklas kommt in großer Menge vor, die weiß-grünlichen Kristalle sind aber deutlich kleiner als die Kalifeldspäte. Die Quarzkörnchen sind grau. Der schwarze Biotit ist meist zu Streifen vereinigt.
Häufigkeit: häufig.

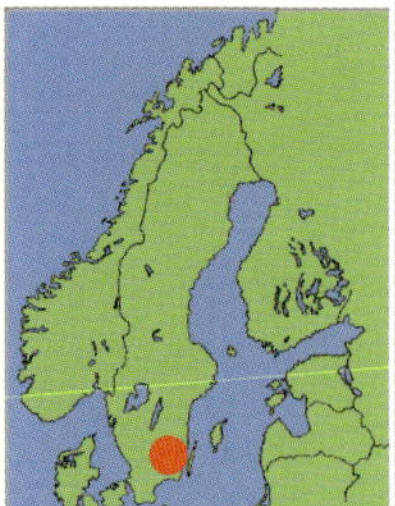

Revsund-Granit

Alter: 1,8 Milliarden Jahre.
Herkunft: östliches Mittelschweden.
Beschreibung: Auffallend beim Revsund-Granit sind einzelne weiße bis graue, z.T. sehr große (>10 cm) Kalifeldspäte, die häufig als Karlsbader Zwillinge ausgebildet sind. Das Gestein ist grobkörnig. Die Quarze sind grau, bis 1 cm groß. Auch Plagioklas kommt vor, ist ebenfalls meist weiß bis grau. Biotit ist in großen Aggregaten vereinigt. Das Gestein ist frisch grauweiß, verwitterte Blöcke laufen gelblich an. Sind die Feldspäte rötlich gefärbt, spricht man vom Björna-Typus.
Häufigkeit: gewöhnlich.

Småland-Granit

Alter: 1,8 Milliarden Jahre.
Herkunft: Småland.
Beschreibung: Småland-Granite sind sehr häufig. Die Grundfarbe der Granite ist rötlich, hervorgerufen durch die große Menge an Kalifeldspäten. Plagioklas ist gelblich, tritt gegenüber anderen Bestandteilen aber deutlich zurück, fehlt gelegentlich vollständig. Das auffallendste Kennzeichen der Småland-Granite sind jedoch blaugraue, hellblaue bis strahlend blaue Quarze. Die schwarzen Flecken bestehen aus Biotit, Hornblende ist nicht vorhanden. Der abgebildete rote Växjö-Granit zeigt undeutlich voneinander abgegrenzte rosa Feldspäte, dazwischen gelbe Plagioklase und blaugraue Quarze. Im nassen Zustand fallen diese Granite durch ihre leuchtende Farbigkeit (gelb-rosa-blau) auf.
Häufigkeit: häufig.

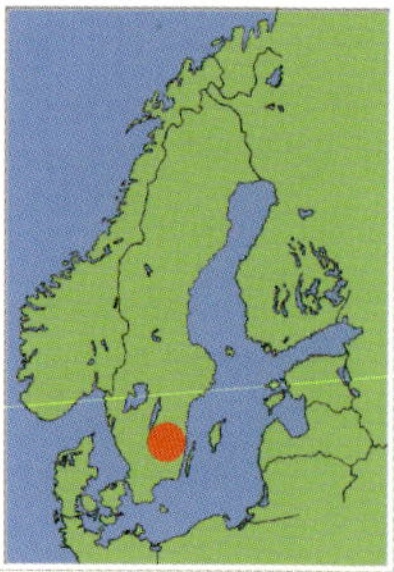

Flivik-Granit

Alter: 1,8 Milliarden Jahre.
Herkunft: Småland.
Beschreibung: Der Flivik-Granit gehört ebenfalls zu den Småland-Graniten. Die Grundmasse ist mittelkörnig und nahezu gleichkörnig, einige wenige größere braunrote Kalifeldspäte sind jedoch darin eingebettet. Der Quarz ist himmelblau, er macht etwa 1/4 bis 1/3 der Grundmasse aus, gelegentlich sogar mehr. Auch Biotit ist reichlich vorhanden, teils zu kleinen „Schmitzen" vereinigt. Das Gestein wirkt schwarz-weiß-rot gesprenkelt.
Häufigkeit: gewöhnlich.

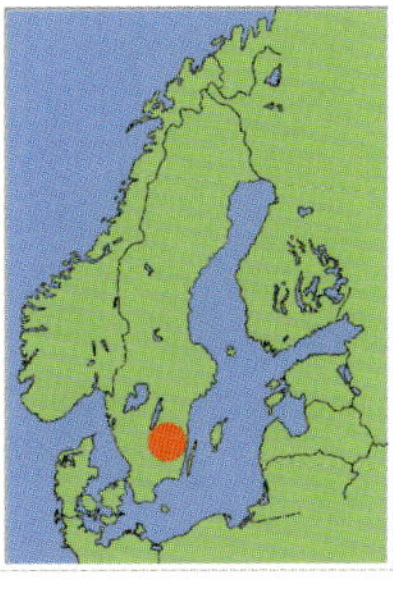

Siljan-Granit

Alter: 1,7 Milliarden Jahre.
Herkunft: Dalarna.
Beschreibung: Siljan-Granit ist durch seine kräftigen Farben gekennzeichnet. Tiefrote Kalifeldspäte, gelbe Plagioklase, graue Quarze und einige schwarze Biotit-Nester sind deutlich voneinander getrennt. Das Gestein ist mittel- bis grobkörnig und relativ gleichkörnig. Die Plagioklas-Kristalle sind in der Regel etwas kleiner als die Kalifeldspäte. Quarz ist häufiger als Plagioklas.
Häufigkeit: gewöhnlich.

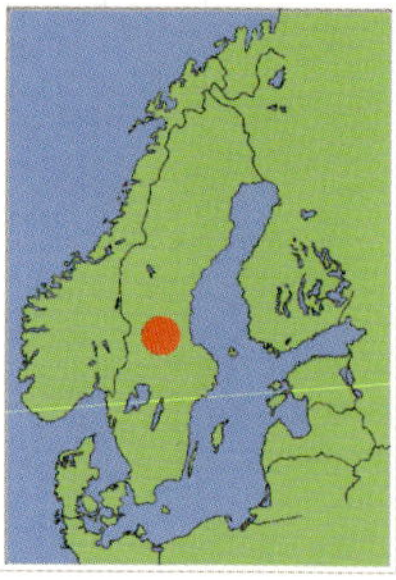

Garberg-Granit

Alter: 1,7 Milliarden Jahre.
Herkunft: Dalarna.
Beschreibung: Der Garberg-Granit ist geologisch gesehen der „Bruder“ des Siljan-Granites. Beide sind gleich alt und chemisch gleich zusammengesetzt, dennoch sehen sie unterschiedlich aus. Der Garberg-Granit fällt durch seine leuchtend dunkelroten Alkalifeldspäte auf, die bis zu 1 cm groß werden können, meistens aber kleiner sind. Das zweithäufigste Mineral ist weißer Plagioklas. Er bildet kleine Quadrate oder Rechtecke, die in der Masse der roten Alkalifeldspäte „schwimmen“. Charakteristisch ist auch ein weißer Plagioklassaum, welcher den roten Alkalifeldspat umgibt. Dunkle Minerale sind immer in kleinen Gruppen im Gestein verteilt. Bei genauem Hinsehen fallen kleine, runde Quarzkörnchen auf.
Häufigkeit: gewöhnlich.

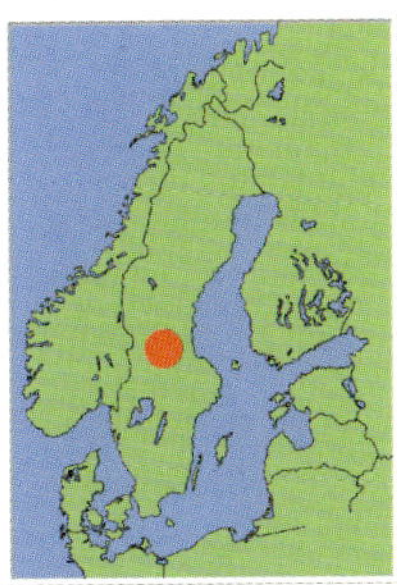

Hammer-Granit

Alter: 1,4 Milliarden Jahre.
Herkunft: Bornholm.
Beschreibung: Ein heller bis rötlicher Granit mit feinkörnigem Gefüge und undeutlichen Mineralgrenzen. Der Quarz ist hellgrau, oft aber rötlich angelaufen. Dunkle Minerale sind nur in geringer Menge vorhanden, meist in Nestern angeordnet. Besonders typisch für Bornholm-Granite ist ein himbeerroter Hämatitüberzug, der sich fleckenhaft auf der frischen Gesteinsbruchfläche zeigt. Der ähnliche Vang-Granit enthält deutlich mehr dunkle Minerale.
Häufigkeit: gewöhnlich.

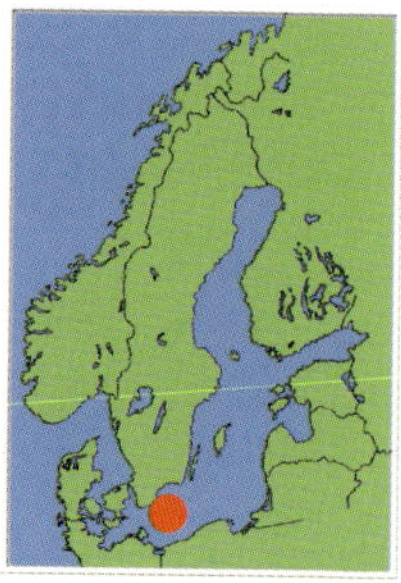

Larvikit

Alter: 295-275 Millionen Jahre.
Herkunft: Oslo-Region.
Beschreibung: Larvikit ist trotz des unterschiedlichen Aussehens eng verwandt mit dem Rhombenporphyr. Wenn das Gestein feucht ist, fallen seine blau schillernden Feldspäte auf, die das Gestein unverwechselbar machen. Daneben kommt vor allem das dunkle Mineral Augit vor, aber auch Biotit und helle Kalifeldspäte sind vorhanden. Übrigens ist Larvikit (gelegentlich auch als Labradorit bezeichnet) als Fassadenstein und als Tresenbedeckung einer bekannten Schnellrestaurantkette sehr beliebt.
Larvikit ist häufig im Norden Dänemarks, wird aber auch an den Küsten des nördlichen Schleswig-Holsteins noch reichlich gefunden. In Richtung des östlichen Schleswig-Holsteins und besonders in Mecklenburg-Vorpommern wird der Larvikit immer seltener. Er fehlt auf Rügen ganz.
Häufigkeit: gewöhnlich.

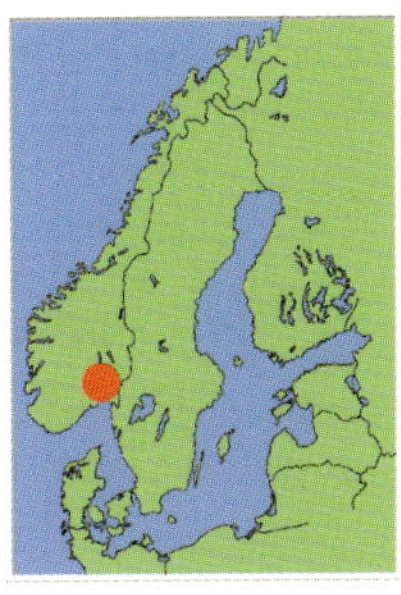

Schriftgranit

Alter: > 1 Milliarde Jahre.
Herkunft: Norwegen, Schweden.
Beschreibung: Das pegmatitische Gestein ist hell, meist blaßrosa. Die Quarze sind schriftzeichen-artig mit den Feldspäten verwachsen. Man bezeichnet die Quarzkörner in diesem Fall auch als „Fische" oder „Würmer". Diese spezielle Art der Verwachsung weist darauf hin, dass beide Minerale fast gleichzeitig aus der gerade noch flüssigen Schmelze auskristallisiert sind, also kurz bevor sie erstarrt ist. Der dekorative Schriftgranit ist ein begehrtes Sammlungsobjekt.
Häufigkeit: selten.

Pegmatit

Alter: > 1 Milliarde Jahre.
Herkunft: Norwegen, Schweden.
Beschreibung: Pegmatit hat dieselbe Zusammensetzung wie Granit: Feldspat, Quarz und Glimmer. Eine wasserreiche Restschmelze ist langsam erstarrt und so konnten sich große Kristalle bilden. Das Gestein ist grob- bis riesenkörnig. In Findlingen sind mitunter Feldspatkristalle von mehreren Dezimetern Länge zu beobachten. Auch Quarz und Glimmer kommen in großen Aggregaten vor. In Pegmatiten kommen mitunter seltene Minerale vor, auch kristallausgekleidete Drusen sind bekannt. Pegmatite sind somit für den Geschiebe-Mineraliensammler sehr interessant.
Häufigkeit: gewöhnlich.

Diorit

Alter: meist > 1 Milliarde Jahre.
Herkunft: Schweden.
Beschreibung: Diorit ist ein granitähnliches, schwarz-weiß geflecktes Gestein. Es überwiegen helle, fast weiße Plagioklase. An dunklen Mineralen kommen hauptsächlich dunkelgrüne bis schwarze Hornblende und wenig Biotit vor. Quarz ist in der Regel wenig oder gar nicht vorhanden, denn das Magma, aus dem dieses Gestein entstanden ist, war arm an Kieselsäure (basisch). Das Gestein ist gleichkörnig und mittel- bis feinkörnig. Aufgrund von Farbe und Gefüge wird Diorit häufig mit „Pfeffer & Salz" verglichen.
Häufigkeit: gewöhnlich.

Gabbro

Alter: meist > 1 Milliarde Jahre.
Herkunft: Schweden, Finnland.
Beschreibung: Gabbro ist dem Diorit sehr ähnlich, oftmals sind die beiden Gesteine nur mikroskopisch voneinander zu unterscheiden. In der Regel besitzt Gabbro aber mehr dunkle Minerale, vor allem Augit, der dem Diorit meist fehlt. Der Plagioklas ist dunkler als beim Diorit, das Gestein ist meist feinkörniger (es kommt jedoch auch grobkörniger Gabbro vor). Die Grundfarbe des Gesteins ist dunkelgrün bis schwarz. Die Anwesenheit von olivgrünem Olivin weist ebenfalls auf Gabbro hin.
Häufigkeit: gewöhnlich.

Vulkanite

Alter: 180 Millionen bis 1,8 Milliarden Jahre.
Herkunft: vorwiegend Oslo-Gebiet, Dalarna, Västergötland, Schonen, Småland, Ostsee-Grund, Åland-Inseln.
Beschreibung: Vulkanite entstehen bei der Erstarrung von Lavaströmen. Magma dringt in Schloten oder Klüften bis an die Erdoberfläche vor und erkaltet dort langsam, oder es wird bei einer Eruption explosionsartig ausgeworfen. Man kann somit Erguß- und Effusiv-Gesteine unterscheiden. Einige Gesteinsschmelzen sind bereits auf ihrem Weg nach oben erstarrt, ohne jemals an die Oberfläche gelangt zu sein. Vulkanite sind meistens sehr feinkörnig bis dicht. Sie enthalten oft Einsprenglinge, die bereits in tieferliegenden Magmakammern auskristallisiert sind. Am Strand sind Porphyr (rötlich), Basalt (schwarz) und Diabas (gefleckt) häufig.
Häufigkeit: häufig.

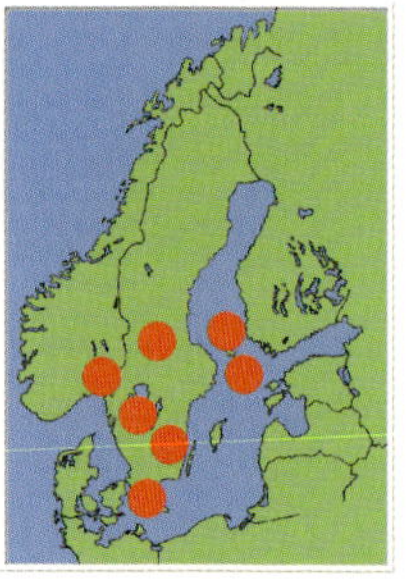

Porphyr

Alter: 275 Millionen bis 1,8 Milliarden Jahre.
Herkunft: vorwiegend Oslo-Gebiet, Dalarne, Småland, Ostsee-Grund, Åland-Inseln.
Beschreibung: Die Porphyre Skandinaviens sind in der Regel rötlich, manchmal violett bis schwarz. Fast alle Porphyre enthalten Einsprenglinge (meist Feldspat, häufig Quarz), die bei der Eruption bereits in der Lava enthalten waren. An der Oberfläche erstarrte die Lava rasch. Die Einsprenglinge scheinen in der Matrix zu schwimmen. Manchmal ist sogar eine Fließstruktur an der Anordnung der Kristalle erkennbar.
Häufigkeit: häufig.

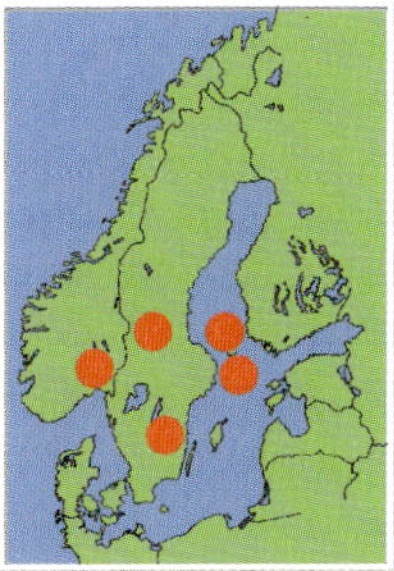

Åland-Quarzporphyr

Alter: 1,6 Milliarden Jahre.
Herkunft: Åland-Inseln.
Beschreibung: Åland-Quarzporphyr ist an seinen bis 1 cm großen, dunkelgrauen, rundlichen Quarzen gut zu erkennen. Durch die Abrollung in der Brandung wird die Oberfläche der Quarze milchig-trüb, vergleichbar einer zersplitterten Autoscheibe. Die Grundmasse ist rötlich. Bis mehrere Zentimeter große Einsprenglinge von Kalifeldspat sind vorhanden. Sie sind rötlich und meist kantig, manchmal aber auch gerundet. Plagioklas ist nicht vorhanden. Åland-Quarzporphyr ist an allen Stränden zu finden. In der Brandungszone fallen nasse Gerölle durch ihre intensive Farbgebung besonders auf.
Häufigkeit: gewöhnlich.

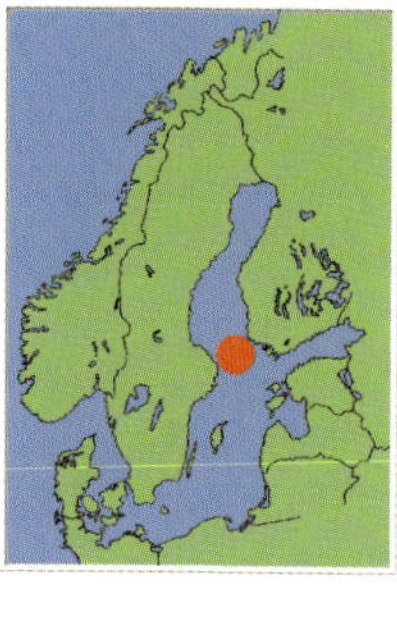

Felsitporphyr

Alter: 1,6 Milliarden Jahre.
Herkunft: Åland, Bottensee.
Beschreibung: Felsitporphyre führen kleine, bis 5 mm große, scharfkantige, blutrote Feldspateinsprenglinge. Die Grundmasse ist sehr dicht, zäh, dunkelgrau-braunviolett. Winzige graue Quarzkörnchen, unter 1 mm Durchmesser, sind vorhanden. Man unterscheidet nach ihrem Herkunftsgebiet eine Reihe von Varietäten.
Der ähnliche Ostseesyenitporphyr enthält zusätzlich Xenolithe und kleine blaue Mandeln, die mit Achat gefüllt sein können.
Häufigkeit: gewöhnlich.

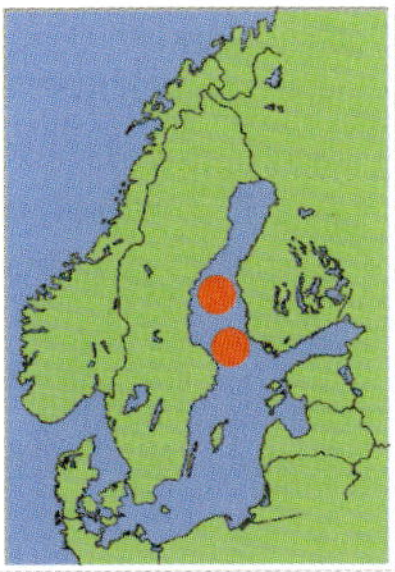

Roter Ostsee-Quarzporphyr

Alter: 1,6 Milliarden Jahre.
Herkunft: Ostseegrund südöstlich von Åland.
Beschreibung: Der häufige Rote Ostsee-Quarzporphyr ist leuchtend- bis ziegelrot, seltener braunrot. In der dichten Grundmasse liegen zahlreiche, kleine, graubraune Quarzkörnchen. Rötliche Kalifeldspat-Einsprenglinge von 1 - 5 mm Größe sind vorhanden, Plagioklase nicht. Die Feldspäte haben fast dieselbe Farbe wie die Grundmasse, können am besten auf einer frischen Bruchfläche an ihren spiegelnden Kristallbruchflächen erkannt werden. Kleine schwarze Augit-Körnchen sind vorhanden. Häufig kommen bis 1 cm große Xenolithe eines dunklen, grün umrandeten Basalts vor. Der ähnliche Bredvad-Porphyr enthält keinen Quarz.
Häufigkeit: gewöhnlich.

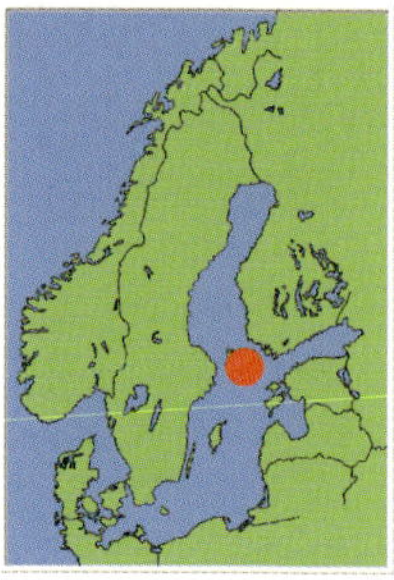

Brauner Ostsee-Quarzporphyr

Alter: 1,6 Milliarden Jahre.
Herkunft: Ostseegrund südwestlich von Åland.
Beschreibung: Der Braune Ostsee-Quarzporphyr ist sehr einsprenglingsreich. Die dichte Grundmasse ist graubraun, braun oder manchmal auch rotbraun. Als Einsprenglinge kommen neben grauen Quarzen auch blaßrote Kalifeldspäte und grünlichweiße Plagioklase vor. Während die Quarze meist unter 2 mm bleiben, können die Feldspäte bis 5 mm groß werden. Sehr viele kleine Augite sind vorhanden, die aber leicht verwittern und zahlreiche Löcher auf der Gesteinsoberfläche hinterlassen. Wie bei dem Roten Ostsee-Quarzporphyr kommen auch in der braunen Variante Xenolithe von dunklem Basalt vor.
Häufigkeit: gewöhnlich.

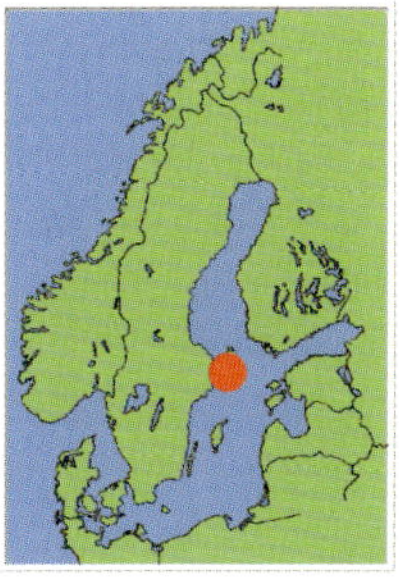

Bredvad-Porphyr

Alter: 1,7 Milliarden Jahre.
Herkunft: Dalarna.
Beschreibung: Bredvad-Porphyr ist als Geschiebe überall zu finden. Die Grundmasse ist sehr dicht, ziegel- bis braunrot. Verwitterte Gesteine sind heller. In der Grundmasse eingebettet liegen kleine Feldspat-Einsprenglinge, sowohl von grünlichen Plagioklas als auch von rötlichen Kalifeldspat. Oftmals verwittern diese Feldspäte und hinterlassen charakteristische Löcher auf der Oberfläche des Gesteins. Ein sicheres Unterscheidungsmerkmal zu den Ostseequarzporphyren ist das Fehlen von Quarz.
Bredvad-Porphyr ist der häufigste der Dala-Porphyre. Sein Verbreitungsgebiet in Schweden erstreckt sich über mehr als 1000 km².
Häufigkeit: häufig.

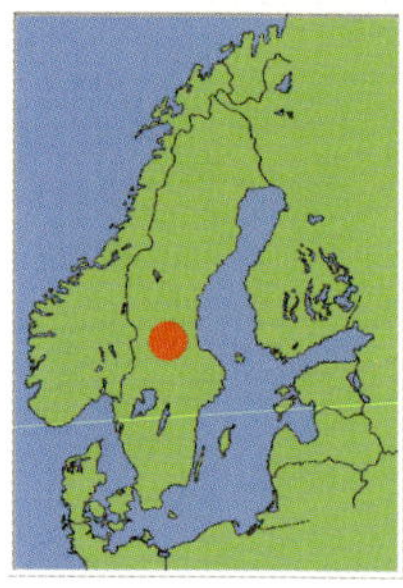

Einsprenglingsreicher Dala-Porphyr

Alter: 1,7 Milliarden Jahre.
Herkunft: Dalarna.
Beschreibung: Dala-Porphyre enthalten in der Regel keinen Quarz. Es kommen viele rötliche Kalifeldspäte und kleinere gelbliche bis grünliche Plagioklase vor. Mitunter sind so viele Einsprenglinge vorhanden, dass die meist rötliche Grundmasse völlig in den Hintergrund tritt. Man kann rund ein Dutzend verschiedener einsprenglingsreicher Dala-Porphyre unterscheiden.
Der rotviolette Grönklitt-Porphyrit besitzt zwei Arten von teils leistenartig ausgebildeten Plagioklasen (weißgelb und graugrün), grüne Flecken von Epidot, sowie winzige schwarze Körnchen von Augit oder Hornblende.
Häufigkeit: gewöhnlich.

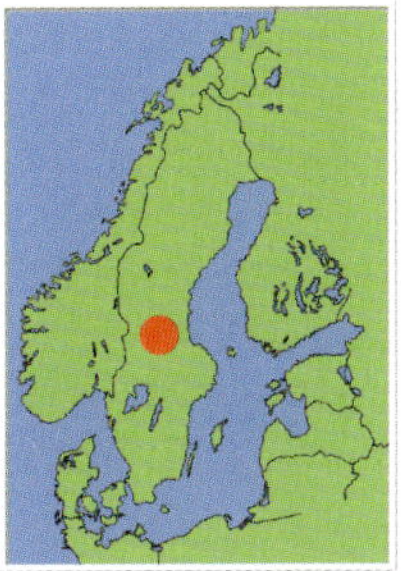

Grauer Venjan-Porphyrit

Alter: 1,8 Milliarden Jahre.
Herkunft: Dalarna.
Beschreibung: Venjan-Porphyrit erinnert auf den ersten Blick an einen feinkörnigen Granit oder sogar an Beton. In einer grauen Grundmasse, die verwittert rosa anläuft,liegen regellos verteilt sehr viele, maximal 7 mm große Einsprenglinge. Ihre Menge macht mindestens die Hälfte des Gesteins aus. Es kommen gelbweiße und grüne Plagioklase vor, wenige rosafarbene Kalifeldspäte, nadelförmige Hornblende-Säulchen und kleine Biotit-Schüppchen vor. Mit einer Lupe kann man manchmal kleine Quarzkörnchen entdecken. Venjan-Porphyrit kommt auch in einer roten Variante vor.
Häufigkeit: selten.

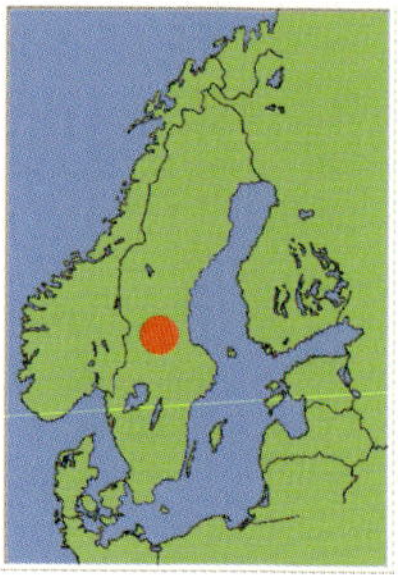

Roter Särna-Porphyr

Alter: 1,7 Milliarden Jahre.
Herkunft: Dalarna.
Beschreibung: Der Särna-Porphyr fällt durch seine typische dunkelrote Farbe der Grundmasse auf. Darin liegen zahlreiche weiße bis grünliche Feldspäte von 1 bis 10 mm Größe. Häufig sind einige der größeren grünlichen Feldspateinsprenglinge zoniert, d.h. der Kern der Kristalle hat eine etwas dunklere Farbe als der Rand. Ein weiteres wichtiges Kennzeichen ist das Vorhandensein von zahlreichen, bis zu 5 mm großen Quarzeinsprenglingen, die den meisten anderen Dala-Porphyren fehlen. Vereinzelt findet man Nester dunkler Minerale.
Häufigkeit: selten.

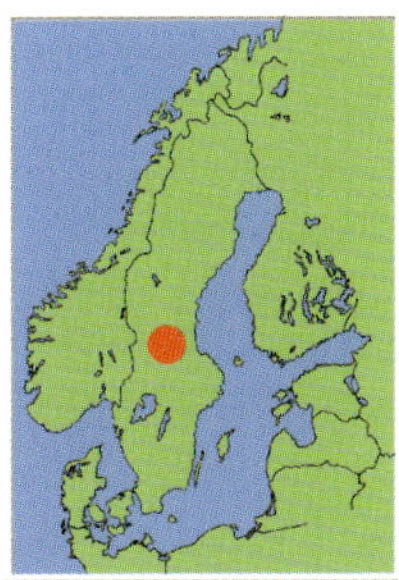

Påskallavik-Porphyr

Alter: 1,8 Milliarden Jahre.
Herkunft: Småland.
Beschreibung: Der Påskallavik-Porphyr führt sehr viele, bis 2 cm große rosafarbene Feldspat-Einsprenglinge und bis 5 mm große, runde, graublaue Quarze. Die Feldspäte sind meist rechteckig mit abgerundeten Ecken. Sie werden häufig mit einer Fernsehbildröhre verglichen. Die Feldspäte sind in der Regel zoniert, d. h. um einen dunklen Kern verläuft ein heller Rand. Die Matrix ist feinkörnig, graubraun bis braunviolett.
Die Småland-Porphyre sind tektonisch beansprucht worden. Durch den Gebirgsdruck sind die Feldspäte zerbrochen. Die Bruchlinien verlaufen parallel zueinander.
Påskallavik-Porphyr ist durch seine Ähnlichkeit mit einer Blutwurst leicht erkennbar, besonders im feuchten Zustand.
Häufigkeit: gewöhnlich.

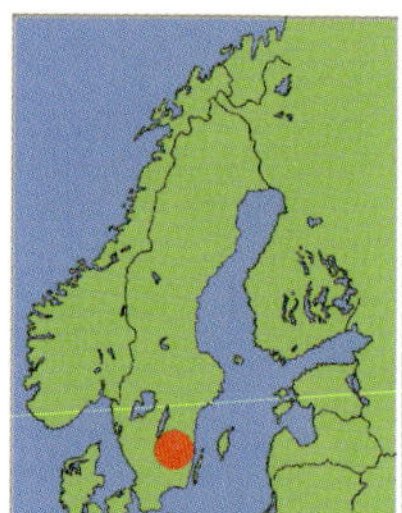

Emarp-Porphyr

Alter: 1,8 Milliarden Jahre.
Herkunft: Småland.
Beschreibung: Der Emarp-Porphy ist dem Påskallavik-Porphyr recht ähnlich. Die Grundmasse ist jedoch rötlicher, rosabraun oder graurosa, verwittert ziemlich hell. Typisch sind auch einige kleine, grünliche Plagioklas-Einsprenglinge. Die Feldspäte sind meist etwas kleiner, ihre Zonierung ist in der Regel nicht so stark ausgeprägt.
Häufigkeit: gewöhnlich.

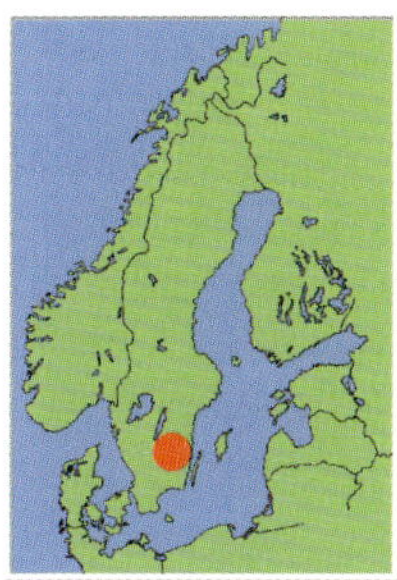

Rhomben-Porphyr

Alter: 295 - 275 Millionen Jahre.
Herkunft: Oslo-Gebiet.
Beschreibung: Rhomben-Porphyr gehört zu den sehr leicht zu bestimmenden Geschieben. Die charakteristischen, rhombenförmigen Plagioklas-Einsprenglinge, die gelegentlich zu Zwillingsbildung neigen, schwimmen in einer rötlich-braunen bis grau-violetten Matrix. Rhomben-Porphyr kommt in der Oslo-Region in zwei eng begrenzten Gebieten vor. Hier sind zahlreiche Lava-Decken ausgebildet, dazwischen eingeschaltet sind einige Basalt-, Tuff- und Trachyt-Lagen. Jede der 30 - 40 Rhombenporphyr-Laven zeigt spezifische Kennzeichen. Ihre Mächtigkeit schwankt zwischen 10 und 200 Metern, die Gesamtausdehnung beträgt etwa 1150 km².
Häufigkeit: gewöhnlich.

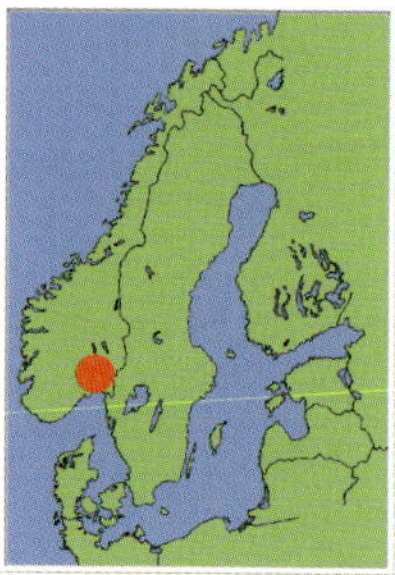

Rektangel-Porphyr

Alter: 295 - 275 Millionen Jahre.
Herkunft: Oslo-Gebiet.
Beschreibung: Der Rektangel- oder Rechteck-Porphyr gehört zu den Varianten des Rhomben-Porphyrs. Kennzeichnend sind die eher rechteckigen Plagioklas-Einsprenglinge, die wie bei dem Haupttyp eingeregelt sein können. Meist ist die Matrix dunkler, kann aber durch Verwitterung auch rötlich werden. Im Entstehungsgebiet ist nur eine einzige Lava-Decke mit rechteckigen Plagioklasen bekannt.
Alle Arten der Rhombenporphyre sind in Dänemark und im nördlichen Schleswig-Holstein häufig, werden nach Süden und Osten hin seltener, die Geschiebe kleiner. Sie fehlen auf Rügen vollständig.
Häufigkeit: selten.

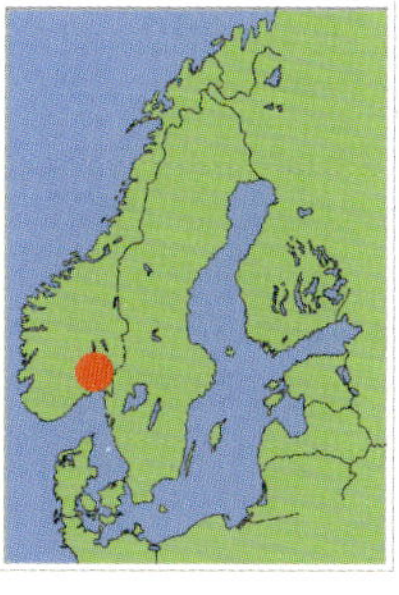

Rhombenporphyr-Ignimbrit

Alter: 295 - 275 Millionen Jahre.
Herkunft: Oslo-Gebiet.
Beschreibung: Beim Rhombenporphyr-Ignimbrit liegen dicht an dicht verschiedene Gesteinstrümmer einer rötlichen bis braungrauen Matrix. Die Tuffe, Porphyr-Trümmer und einzelne Plagioklas-Rhomben sind meist scharfkantig. Das ähnliche Rhombenporphyr-Konglomerat enthält deutlich gerundete Gerölle in einer sandigen Matrix.
Im Bild ist an der oberen Kante des Geschiebes ein blutrotes Stück Rhombenporphyr mit einem typischen Plagioklas-Einsprengling erkennbar.
Häufigkeit: selten.

Rhombenporphyr-Mandelstein

Alter: 295 - 275 Millionen Jahre.
Herkunft: Oslo-Gebiet.
Beschreibung: Eine seltene Variante des Rhombenporphyrs führt mit weißem Kalkspat gefüllte Gasblasen. Oft verwittert der Kalkspat und hinterlässt zahlreiche kleine und größere Löcher auf der Oberfläche des Geschiebes.
Häufigkeit: selten.

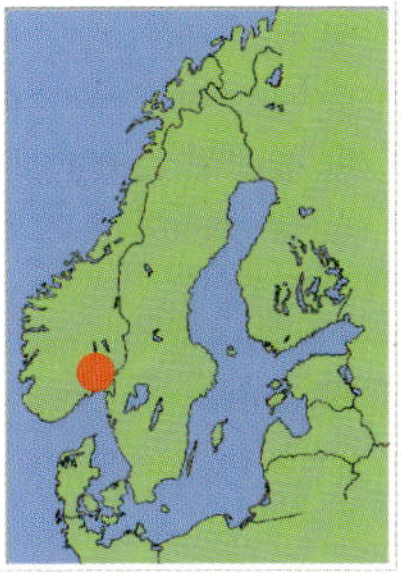

Ostsee-Melaphyr

Alter: 1,6 Milliarden Jahre.
Herkunft: Ostseegrund, (evtl. auch Oslogebiet).
Beschreibung: Melaphyr ist ein Gasblasen reicher Basalt. Die Grundmasse ist rötlich-violett bis bräunlich. Nach dem Erstarren der Lava blieben zahlreiche Hohlräume im Gestein zurück. Durch zirkulierende Lösungen füllten sich die Blasen später mit verschiedenen Mineralen („Mandeln“).

Beim Ostsee-Melaphyr sind dies meist Calcit (weiß) oder Chlorophäit (grün), seltener auch reiner Quarz (weiß). Die Melaphyre des Oslogebietes (Alter: 295 - 275 Millionen Jahre) führen in der Regel rhombenförmige Feldpat-Einsprenglinge (s. Rhombenporphyr-Mandelstein).

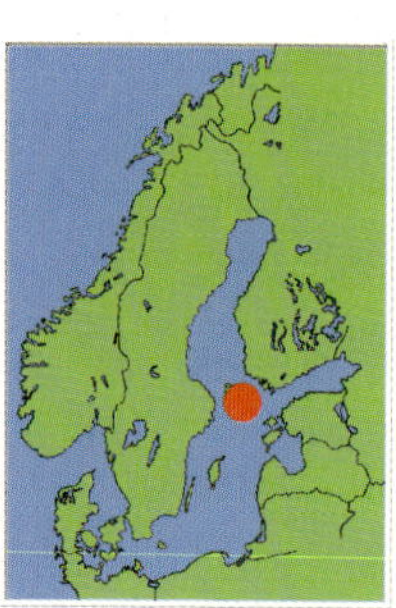

Einige Melaphyre enthalten bis 1 cm große, eindrucksvolle Achat-Mandeln.
Häufigkeit: gewöhnlich.

Ignimbrit

Alter: 1,7 Milliarden bis 275 Millionen Jahre.
Herkunft: Oslo-Gebiet, Dalarna, Småland.
Beschreibung: Ignimbrite sind Gesteine, die sich aus vulkanischen Glut- bzw. Aschelawinen gebildet haben. Die Grundmasse des Gesteins ist schwarz bis violett, sehr hart, zäh, splittrig, beinahe flintartig. Zahlreiche kleine Feldspat-Einsprenglinge sind vorhanden, sowohl Plagioklase als auch Kalifeldspäte. Typisch sind helle bis rotbraune Bimsstein-Schlieren, die flammenartig aussehen. Diese Streifen sind in der Regel nur wenige Zentimeter lang. Auch hauchdünne Fäden von Quarz können, am besten auf einer frischen Bruchfläche, beobachtet werden. Sie können parallel oder quer zu den Bimssteinstreifen angeordnet sein.
Dala- und Småland-Ignimbrite sind 1,65 Milliarden Jahre alt, Oslo-Ignimbrite nur 275 Millionen Jahre. Dala-Ignimbrite enthalten keine Quarzeinsprenglinge.
Ignimbrite sind einander sehr ähnlich, können häufig nur von einem Fachmann genau bestimmt werden.
Häufigkeit: selten.

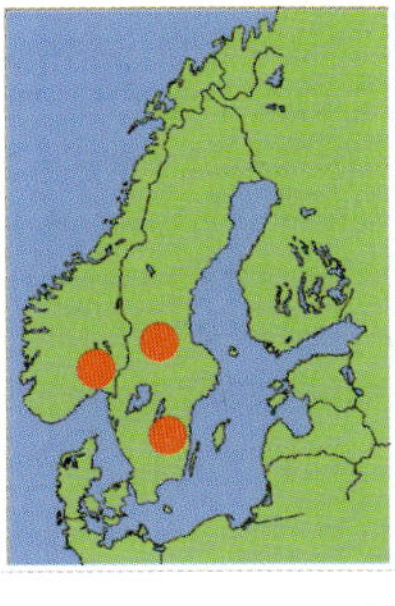

Uralit-Porphyrit

Alter: 1,8 Milliarden Jahre.
Herkunft: Småland, Uppland, Finnland.
Beschreibung: Uralit-Porphyrit gehört zu den Ganggesteinen. Das Gestein ist blaugrau, verwittert grünlich, relativ schwer. In einer feinkörnigen Grundmasse liegen dicht an dicht dunkle Augit-Einsprenglinge, die zu Uralit (einer faserig ausgebildeten, grünlichen Hornblende) umgewandelt wurden. Oft zeigt das Gestein einen seidigen Glanz.
Vorkommen des Uralit-Porphyrites kennt man in Småland, Uppland und Finnland.
Häufigkeit: selten.

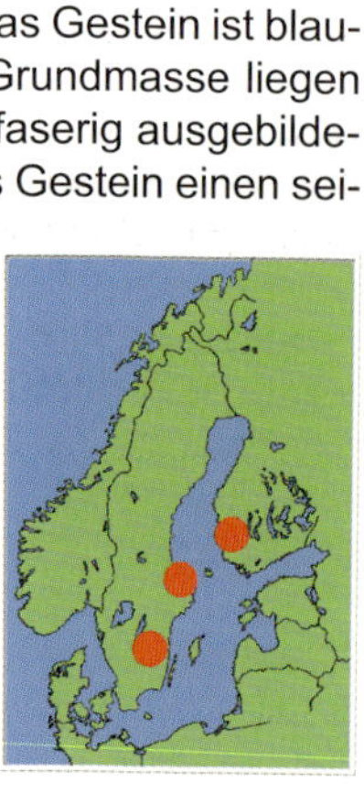

Öje-Diabas-Porphyrit

Alter: 1,2 Milliarden Jahre.
Herkunft: Dalarna.
Beschreibung: In Skandinavien kommen an mehreren Stellen einschlussreiche Diabase vor. Meistens sind die Diabas-Porphyrite Ganggesteine, die sich leicht mit Nebengesteinsbruchstücken anreichern konnten. An Geröllen oder Einsprenglingen kommen Plagioklas, Quarz, Epidot, Chlorit, Quarzit, Achatmandeln und sogar Gneis und Granit vor. Die Grundmasse ist feinkörnig, nur selten dicht. In ihr liegen regellos verteilte Plagioklasleisten, die teils so klein sind, dass sie nur mit der Lupe sichtbar sind.
Die grünlich-weißen Plagioklas-Einschlüsse des Öje-Diabas-Porphyrits (s. Foto) wirken durch parallel eingelagerten Epidot und Chlorit gestreift.
Häufigkeit: selten.

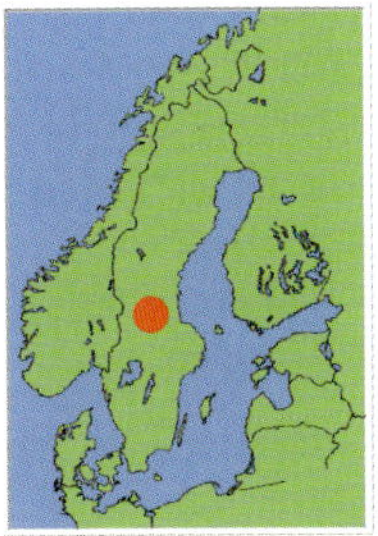

Einschlußführender Diabas vom Typ 'Alsarp'

Alter: [unbekannt].
Herkunft: Småland, Dalarna.
Beschreibung: Einschlußführende Diabase vom Typ 'Alsarp' sind als Geschiebe sehr selten. Man kennt das Gestein nur von einem 5 m breiten Gang in der Nähe von Oskarsham in Ost-Småland. Dieser Gang führt in nur in einer schmalen Zone Feldspäte und Quarze, die als Reste teilweise aufgeschmolzener Gneise gedeutet werden, die das Diabas-Magma auf seinem Weg nach oben mitgerissen hat. Die Einschlüsse sind immer gerundet. Man erkennt um die Einschlüsse einen Reaktionssaum, sie wirken daurch zoniert. Die Grundmasse ist grünschwarz und feinkörnig. Unter der Lupe erkennt man eine ophitische Struktur.
Der Brevik-Diabas aus Småland führt gerundete, farblose bis rötliche Quarzit-Gerölle.
Häufigkeit: selten.

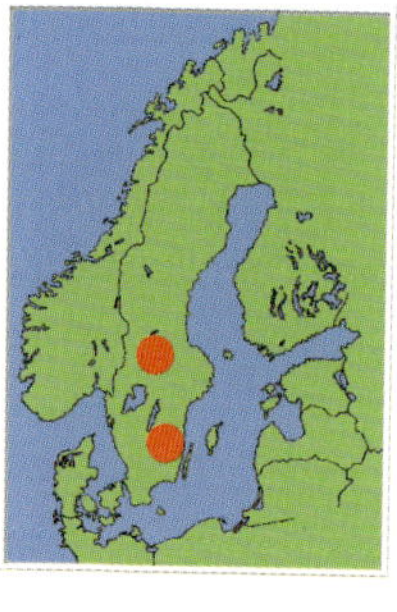

Åsby-Diabas

Alter: 1,2 Milliarden Jahre.
Herkunft: Mittelschweden bis Finnland.
Beschreibung: Åsby-Diabas besitzt ein dichtes Netz von ophitisch angeordneten Plagioklas-Tafeln, die eine Länge von mehr als 1 cm erreichen und gitterartig oder Y-förmig miteinander verwachsen sind. Das Gestein bekommt dadurch ein fast dioritisches Aussehen. Die Grundmasse ist dunkelgrün bis grauschwarz und feinkörnig. Eingebettet sind häufig gelbliche Olivin-Körnchen, Pyrit und Eisenminerale. Die weißen Plagioklase sind widerstandsfähiger als die anderen Gesteinsbestandteile. Bei verwitterten Blöcken sitzen die Plagioklas-Leisten erhaben auf der Oberfläche des Gesteins.
Häufigkeit: selten.

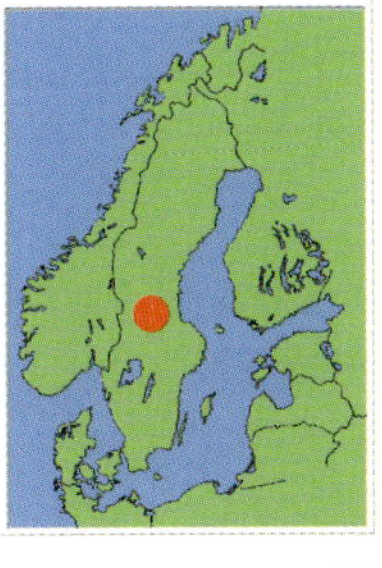

Kinne-Diabas

Alter: 250 Millionen Jahre.
Herkunft: Kinnekulle und Billingen, Västergötland.
Beschreibung: Der Kinne-Diabas gehört zu den Geschieben, die auch der Anfänger schnell und sicher erkennen kann. Die gefleckte Oberfläche entsteht durch Verwitterung. Leicht erhaben sind blaugraue, bis 1 cm große, seidig glänzende Augit-Nester, durchsetzt von winzigen Plagioklas-Stäbchen. Dazwischen liegen mit bloßem Auge kaum erkennbare Olivin-Körnchen, die teilweise zu grünlichem Serpentin oder rötlichem Rost umgewandelt sind. Weil Olivin schneller verwittert als Augit, entsteht die genarbte Oberfläche des Gesteins. Auffallend ist die schalige Verwitterung mancher Geschiebe.
Der Kinne-Diabas bedeckt die paläozoischen Schichten der Tafelberge in Västergötland und hat diese so vor der Abtragung durch die eiszeitlichen Gletscher bewahrt.
Häufigkeit: gewöhnlich.

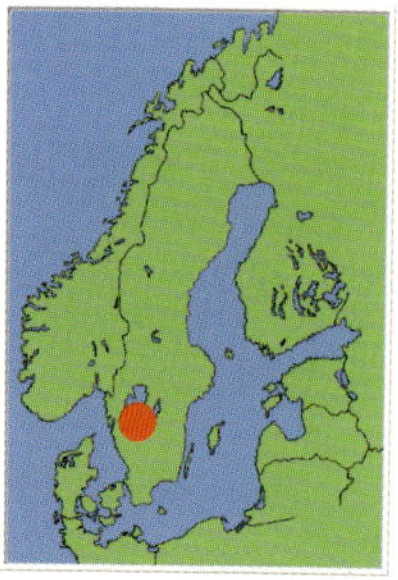

Särna-Diabas

Alter: 1,2 Milliarden Jahre.
Herkunft: Dalarne.
Beschreibung: Dem Kinne-Diabas ähnlich ist der 1,2 Milliarden Jahre alte Särna-Diabas, der in flachen Decken im jotnischen Dala-Sandstein vorkommt. Die seidigglänzenden, schwarzen Augit-Nester haben mehr als 2 cm Durchmesser. Die verwitterte Oberfläche wirkt aufgrund der Größe der Augite knotig.
Häufigkeit: gewöhnlich.

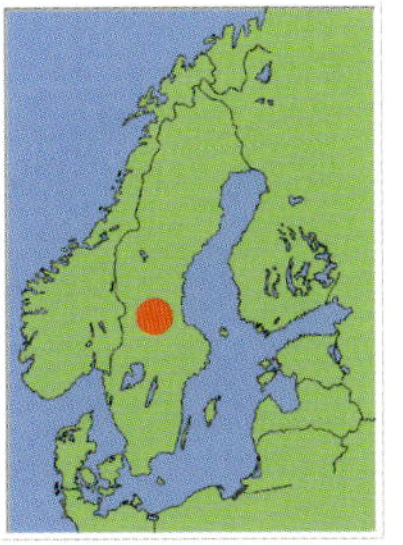

Schonen-Basalt

Alter: 180 Millionen Jahre.
Herkunft: Schonen und andere Gebiete in Schweden.
Beschreibung: Basalt ist ein dunkles, basisches, vulkanisches Ergussgestein. Die Geschiebe sind meist kantig. Das Gestein ist sehr schwer, feinkörnig bis dicht. Kennzeichnend für den Schonen-Basalt sind kleine, gelb bis grün glänzende Olivin-Kristalle, die aber leicht verwittern können und dann kleine Löcher auf der Gesteinsoberfläche hinterlassen. Auch Rostflecken, die auf verwitterten Olivin zurückzuführen sind, sind charakteristisch.

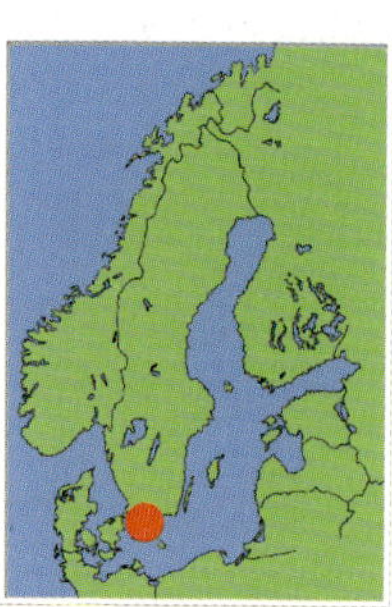

Basalt kommt in vielen Gebieten Skandinaviens vor, eine Heimatbestimmung ist häufig nicht möglich. Große Findlinge stammen in der Regel nicht aus Schonen, da hier der Basalt in Säulen erstarrt ist, die höchstens 30 cm Durchmesser haben und somit die maximale Größe der Geschiebe begrenzen.
Blöcke, die frisch aus der Steilwand kommen oder in Kiesgruben gefunden werden, zeigen häufig eine beigebraune Verwitterungskruste.
Häufigkeit: gewöhnlich.

Oslo-Basalt

Alter: 300 - 295 Millionen Jahre.
Herkunft: Oslo-Gebiet, Norwegen.
Beschreibung: Oslo-Basalt ist schwer, grünlichgrau bis schwarz. Die Grundmasse ist sehr feinkörnig bis dicht. Kennzeichnend sind viele helle Plagioklas-Stäbchen, die dem Gestein ein ophitisches Gefüge verleihen. Ihre Länge schwankt zwischen wenigen Millimetern und vielleicht zwei Zentimetern, selten mehr. Sie sind meist richtungslos verteilt, können aber auch sternfömig angeordnet sein. Dunkle Augit-Kristalle mit einem Durchmesser von 5 - 10 mm können vorkommen. Verwitterte Oberflächen nehmen eine bräunliche Farbe an.
Oslo-Basalte sind in Jütland verbreitet, ihre Häufigkeit nimmt nach Südosten deutlich ab (vgl. Rhombenporphyr).
Häufigkeit: selten.

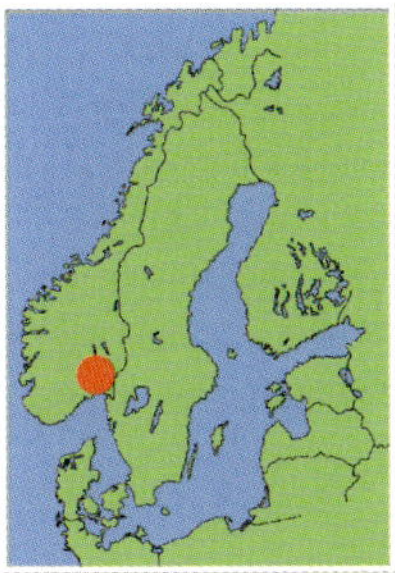

Gneis

Alter: meist > 1 Milliarde Jahre.
Herkunft: Skandinavien.
Beschreibung: Metamorphe Gesteine sind Umwandlungsgesteine. Durch Metamorphose, d. h. durch Gebirgsdruck und Hitze kann aus dem Granit ein Gneis entstehen. Der Granit wird dabei durch geologische Kräfte mehrere Kilometer tief in die Erde versenkt. Die richtungslos angeordneten Minerale des Granites scheinen zerquetscht, ausgewalzt, flachgedrückt. Das Mineralgefüge ändert sich und der Gneis bekommt somit seine typische Streifung. Wie der Granit besteht also auch der Gneis in der Regel aus Feldspat, Quarz und Glimmer. Es kann durch die Metamorphose aber auch zu Mineral-Um- und Neubildungen kommen. Je höher der Metamorphose-Grad ist, desto stärker ist die Mineralumwandlung.
Man kann Gneise in Ader-, Bänder-, Schlieren- und Augengneise unterteilen, wobei diese alle Übergänge zueinander zeigen können.
Häufigkeit: häufig.

Schlierengneis

Alter: meist > 1 Milliarde Jahre.
Herkunft: Skandinavien.
Beschreibung: Der Gneis zeigt keine echte Bänderung. Die dunklen Biotit-Schlieren sind kurz, sie laufen nicht durch den ganzen Stein.
Der hohe Druck bei der Metamorphose führt zur Umbildung von Mineralkörnern, deren Ausrichtung von der Richtung des Druckes abhängig ist.
Aus einst kompakten Kristallen werden durch Wanderung der Atome in Richtung des geringsten Druckes dünne Leisten oder Plättchen.
Häufigkeit: häufig.

Bändergneis

Alter: meist > 1 Milliarde Jahre.
Herkunft: Skandinavien.
Beschreibung: Während der Metamorphose kann ein Gneis soweit umgewandelt werden, dass regelrechte Bänder aus Feldspat, Quarz und Glimmer entstehen. Meist sind diese Bänder relativ dünn (< 1 cm).
Häufigkeit: häufig.

Augengneis

Alter: meist > 1 Milliarde Jahre.
Herkunft: Skandinavien.
Beschreibung: Der Augengneis ist leicht zu erkennen und besonders attraktiv. Auffallend sind bis mehrere Zentimeter große „Augen". Meist sind es Feldspatkristalle, die sich während der Metamorphose gebildet haben und scheinbar in den dunklen Biotitbändern „schwimmen". Aber auch Quarz kann bis auf Augengröße heranwachsen.
Häufigkeit: häufig.

Adergneis

Alter: meist > 1 Milliarde Jahre.
Herkunft: Skandinavien.
Beschreibung: Der Gneis enthält bis mehrere Zentimeter breite, helle Adern, die aus Quarz und/oder Feldspat bestehen. Die Mineralkörner innerhalb der Adern sind richtungslos angeordnet. In den dunklen, glimmerreichen Partien des Gneises hingegen ist die typische Streifung gut ausgebildet. Die Erklärung hierfür ist einfach: Das helle Gestein ist während der Metamorphose flüssig gewesen und erneut kristallisiert, die dunklen Gesteinspartien waren nicht geschmolzen. Die Adern bestehen aus Granit. Der Adergneis ist aufgrund seiner Entstehung ein Migmatit (s.d.)
Häufigkeit: gewöhnlich.

Migmatit

<u>Alter</u>: meist > 1 Milliarde Jahre.
<u>Herkunft</u>: Skandinavien.
<u>Beschreibung</u>: Der Migmatit steht zwischen den Metamorphiten und den Magmatiten. Das Ausgangsgestein wurde während der Metamorphose teilweise aufgeschmolzen. Auf dem Bild gut zu erkennen sind dunkle, zerrissene Gesteinspartien. Flüssige Gesteinsschmelze drang in die Risse ein und kristallisierte hier als Granit aus. Das nahezu unveränderte Ausgangsgestein wird als Paleosom bezeichnet, das neu entstandene Gestein Neosom; helle und quarzreiche Lagen heißen Leukosom.
<u>Häufigkeit</u>: gewöhnlich.

Västervik-Fleckengneis

Alter: 1,95 Milliarden Jahre.
Herkunft: Småland.
Beschreibung: Die Grundmasse des Gneises ist rötlichgrau bis violett, sehr feinkörnig, quarz- und glimmerreich. Charakteristisch sind dunkle Flecken, die mehrere Zentimeter Durchmesser erreichen können und aus Biotit bestehen. Umgeben sind diese Flecken von einem Kranz aus rosarotem bis ziegelrotem Feldspat, etwas Quarz und hellem Glimmer.
Häufigkeit: selten.

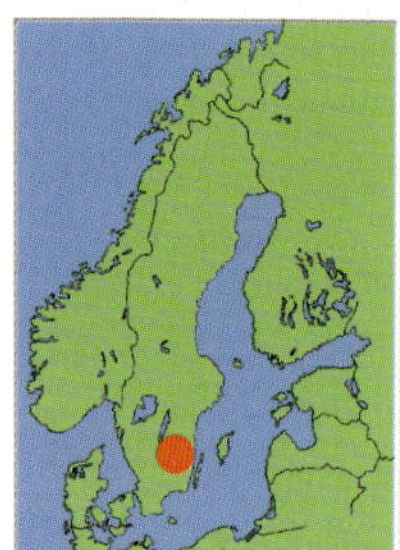

Stockholm-Fleckenquarzit

Alter: 1,8 - 2,0 Milliarden Jahre.
Herkunft: Uppland.
Beschreibung: Stockholm-Fleckenquarzit ist als Geschiebe selten, aber im feuchten Zustand doch leicht zu erkennen. Die quarz- und biotitreiche Grundmasse ist feinkörnig, grauschwarz und dunkelrot schattiert. Die weißen Flecken bestehen aus Quarz, bei verwitterten Gesteinen stehen sie knotenartig hervor. Die Quarze sind von schwarzem Biotit umsäumt.
Der Stockholm-Fleckenquarzit ist aus einem sedimentären Gestein entstanden.
Häufigkeit: selten.

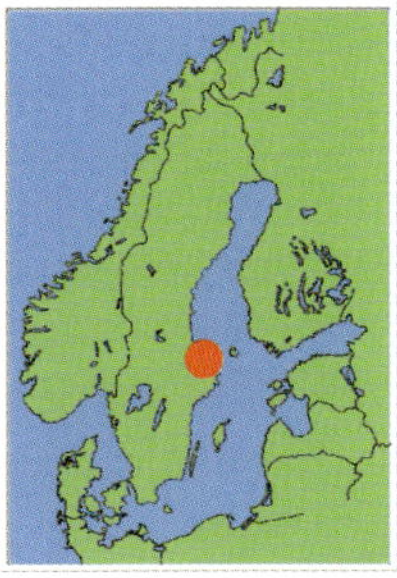

Hälleflinta, Felsenfeuerstein

Alter: 1,8 Milliarden Jahre.
Herkunft: Småland.
Beschreibung: Helleflint oder (schwedisch) Hälleflinta ist ein metamorpher Porphyr. Er ist sehr hart, zäh, splittrig und hat einen muscheligen Bruch. Häufig bilden die Seiten- und Oberfläche einen stumpfen Winkel, der aus dem Metamorphose-/Deformationsdruck resultiert. Der Anteil an Einsprenglingen ist gering, kleine Feldspäte und Quarze kommen vor.
Es gibt zudem sogenannte „streifige" Hälleflinta, deren Ausgangsgestein sedimentären Ursprungs ist.
In der Literatur sind über 25 verschiedene Hälleflinta-Arten allein aus Småland beschrieben worden. Auch die Leptite gehören in diese Gruppe von Gesteinen.
Häufigkeit: gewöhnlich.

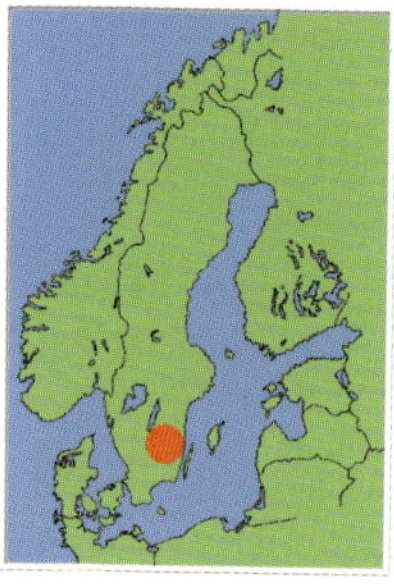

Hornfels

Alter: 500 - 450 Millionen Jahre, Metamorphose-Alter 250 Millionen Jahre.
Herkunft: Oslo-Gebiet.
Beschreibung: Hornfels ist durch Kontaktmetamorphose aus kambro-silurischem Schiefer entstanden. Hohe Temperaturen durch an die Oberfläche vordringende Gesteinsschmelzen haben den Tonschiefer quasi „gefrittet". In Norwegen kennt man solche kontaktmetamorphe Zonen dort, wo Drammen-Granit und Larvikit an die paläozoischen Sedimente grenzen.

Das Gestein ist zäh, splittrig, flintartig, die Oberfläche samtig-stumpf. Die ursprünglichen Sedimentschichten sind noch erkennbar. Ihre Farben reichen von weiß und hellgrau über gelb bis hin zu violett und grün.
Ein metamorph überprägtes Sedimentgestein wird auch als Paragneis bezeichnet.
Häufigkeit: selten.

Flammen-Pegmatit

Alter: 1,4 Milliarden Jahre, Metamorphose vor 970 Millionen Jahren.
Herkunft: Halland.
Beschreibung: Flammenpegmatit ist ein relativ neues Leitgeschiebe, das erst vor wenigen Jahren in die Literatur eingeführt wurde. Früher wurde es als „deformierter, bunter Pegmatit" bezeichnet. Kennzeichnend sind leuchtend rote (Orthoklas) und gelbe (Plagioklas) Feldspäte und breit ausgewalzte Quarzschlieren. Biotit fehlt vollständig. Das Gestein ist im nassen Zustand sehr viel besser zu erkennen, weil dann die charakteristischen Farben kräftig hervortreten.
Häufigkeit: gewöhnlich.

Unakit

Alter: meist > 1 Milliarde Jahre.
Herkunft: Schweden, Norwegen.
Beschreibung: Als Unakit werden metamorph geprägte Gesteine bezeichnet, die neben fleischrotem Feldspat und etwas Quarz charakteristische Gänge aus lind- bis smaragdgrünem Epidot zeigen. Es sind tektonisch zerbrochene Granite, deren Bruchspalten mit Epidot ausgefüllt wurden. Unakit zeigt seine wahre Farbenpracht erst im feuchten Zustand, eignet sich hervorragend als Trommelstein.
Häufigkeit: selten.

Phyllit

Alter: meist > 1,4 Milliarden Jahre.
Herkunft: Norwegen, Schweden.
Beschreibung: Phyllit ist ein sehr glimmerreicher, metamorpher Tonschiefer. Besonders im hellen Sonnenlicht glitzern die hellen Glimmerplättchen (Muskovit). Phyllite sind relativ weich, mit dem Fingernagel können kleine Schuppen abgehoben werden. Das Gestein wirkt „blättrig“, Spaltflächen sind leicht wellig. Ein Phyllit steht vom Metamorphosegrad aus gesehen zwischen Tonschiefer und Glimmerschiefer.
Häufigkeit: gewöhnlich.

Glimmerschiefer

Alter: meist > 1,4 Milliarden Jahre.
Herkunft: Norwegen, Schweden.
Beschreibung: Glimmerschiefer ist stärker gefaltet als ein Phyllit. In seinen Lagen liegen neu gewachsene Minerale mit einem Durchmesser von teils mehreren Zentimetern, die man Porphyroblasten nennt. Häufig sind dies Granat- oder Hornblende-Kristalle. Glimmerschiefer ist durch sein gleißendes Strahlen im hellen Sonnenlicht leicht erkennbar.
Häufigkeit: selten.

Amphibolit

Alter: 1,4 Milliarden Jahre, Metamorphose vor 900 Millionen Jahren.
Herkunft: Südwest-Schweden.
Beschreibung: Amphibolit ist ein dunkles, deutlich metamorphes Gestein. Hornblende ist Hauptbestandteil. Manchmal enthält der Amphibolit blutrote, himbeerrote oder rotviolette Granatkristalle, die in der dunklen Matrix „schwimmen". Ihre Größe reicht von wenigen Millimetern bis 2 cm Durchmesser, selten mehr. Man spricht dann von Granat-Amphibolit. Diese Gesteine kommen in allen metamorphen Gebieten Skandinaviens vor. Granate finden sich häufig auch in amphibolitischen Gneisen (Granatgneis; z. T. mit orangem bis rosa Feldspat), die in Blöcken von über 1 Meter Durchmesser auftreten können. Der abgebildete Amphibolit zeigt deutliche Schlieren oder Bänder von weißem Plagioklas. Solche Gesteine kennt man nur aus dem südöstlichen Norwegen und dem südwestlichen Schweden. Weißschlieriger Granat-Amphibolit ist erst vor wenigen Jahren als Leitgeschiebe erkannt worden.

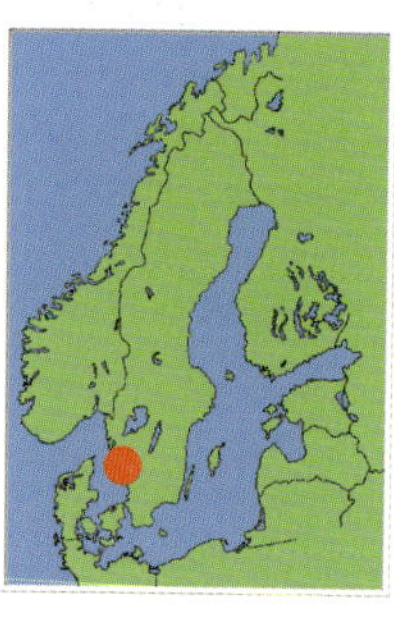

Häufigkeit: gewöhnlich.

Sandstein

Alter: 1,3 Milliarden bis 20 Millionen Jahre.
Herkunft: Baltoskandien.
Beschreibung: Sandsteine sind häufige Gesteine am Strand. Sie sind deutlich geschichtet. Die Sedimentlagen lassen sich durch das ganze Gestein verfolgen. Oftmals sind einzelne Sandkörnchen mit dem bloßen Auge sichtbar. Sind die Sandsteine jedoch metamorph überprägt worden (was bei sehr alten Gesteinen häufig der Fall ist), so spricht man von Quarzit. Hier sind die einzelnen Sandkörnchen miteinander verwachsen oder gar nicht mehr erkennbar. Sandsteine gibt es in allen Farben, häufig sind weiß bis grau, gelb, rot und grün. Auch zwei- und mehrfarbige Sandsteine sind bekannt. Die meisten Sandsteine am Strand stammen aus dem Unterkambrium und sind rund 570 Millionen Jahre alt.
Häufigkeit: häufig.

Dala-Sandstein

Alter: 1,3 Milliarden Jahre (Präkambrium).
Herkunft: Dalarne, Gotlandsee bis Bottensee, Finnland.
Beschreibung: Die jotnischen bzw. Dala-Sandsteine sind hellrot bis violett. Sie gehören zu den ältesten Sedimentgesteinen in Skandinavien. Es gibt zwei große Herkunftsgebiete. In Dalarna sind die roten Sandsteine bis zu 800 m mächtig. In der Bottensee und Bottenwiek sind ebenfalls ausgedehnte Sandsteinvorkommen bekannt. Die mögliche Heimat der Geschiebe läßt sich am sichersten über begleitende kristalline Geschiebe ermitteln. Kommen Dala-Porphyre häufig vor, wird das Herkunftsgebiet in Dalarne zu suchen sein. Überwiegen jedoch Åland-Gesteine und die quarzreichen Ostseeporphyre, so werden die Sandsteine wohl aus der nördlichen Gotlandsee - Bottensee stammen. Häufig sind Wellenrippeln auf den Schichtflächen zu beobachten.
Häufigkeit: häufig.

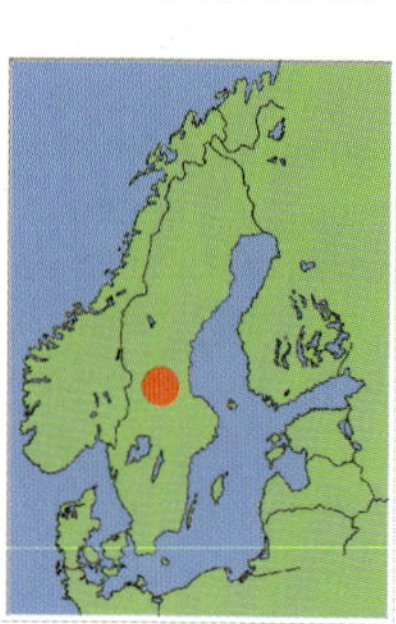

Jotnischer Sandstein mit Entfärbungsflecken

Alter: 1,3 Milliarden Jahre (Präkambrium).
Herkunft: Dalarne, Gotlandsee bis Bottensee, Finnland.
Beschreibung: Einige der roten Sandsteine zeigen kreisrunde helle Flecken, die durch Verwitterung oder Ausbleichung entstanden sind. In einigen Gebieten sind diese Sandsteine sehr häufig. Ihr massenhaftes Vorkommen bei Trebus (nahe Fürstenwalde/Spree) brachte ihnen auch den Namen Trebuser Sandstein ein. Dala-Sandsteine zeigen eher eine rötliche Farbe, während die Bottensee-Sandsteine violett aussehen, aber es gibt Ausnahmen. Es sei an dieser Stelle angemerkt, dass Dala-Sandsteine nach ihrem Herkunftsgebiet benannt sind, während das Jotnium eine stratigraphische Einheit (geologisches Zeitalter) darstellt.
Häufigkeit: häufig.

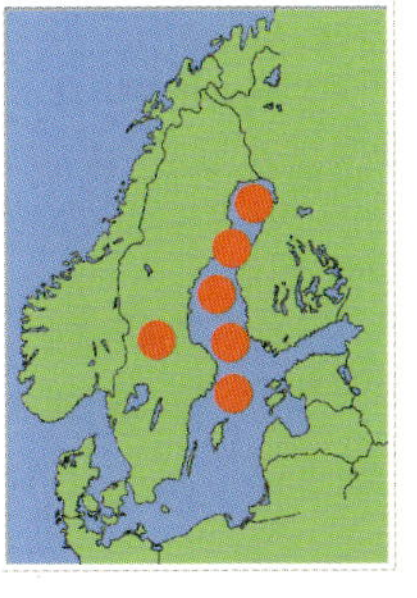

Nexö-Sandstein

Alter: 600 Millionen Jahre (Neoproterozoikum).
Herkunft: Bornholm.
Beschreibung: Rotviolette, grobkörnige, fast konglomeratische Sandsteine kommen im Süden von Bornholm vor. Sie führen bis 1 cm große Quarze und vor allem sehr zahlreich hellorange bis rosa Feldspäte. Aufgrund des hohen Feldspat-Anteils kann man das Gestein auch als Arkose bezeichnen. Der Sandstein ist deutlich geschichtet. Im Anstehenden sind in den Nexö-Sandstein hellrote, graue und grünliche, z. T. glimmerreiche oder sehr feinkörnige Lagen eingeschaltet.
Häufigkeit: gewöhnlich.

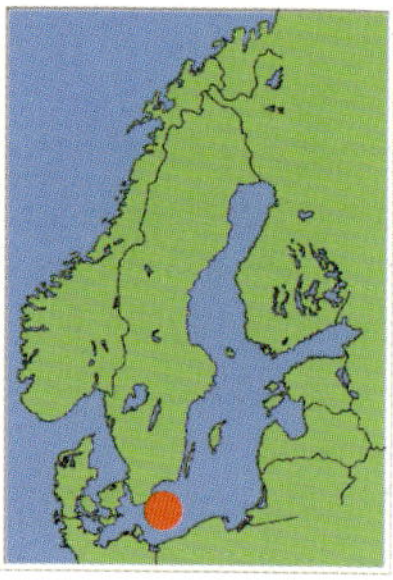

Kalmarsund-Sandstein

Alter: 550 Millionen Jahre (Eokambrium).
Herkunft: Kalmarsund zwischen Öland und dem schwedischen Festland.
Beschreibung: Die quarzitischen Kalmarsund-Sandsteine sind violett-gelb gebändert. Durch ihre komplementäre Farbgebung fallen sie im Strandgeröll auf und werden gern von Sammlern mitgenommen. Sie sind nahezu fossilfrei, nur sehr selten sind einige Spurenfossilien aus ihnen bekannt geworden. Häufig ist eine Schrägschichtung in den Gesteinen zu beobachten, aber auch eine vorgetäuschte Schrägschichtung in Form von violetten Bändern, die infolge von Fällungsreaktionen entstanden sind und die die echten Schichten kreuzt, ist bekannt.
Das berühmteste Geschiebefossil *Xenusion*, ein Bindeglied zwischen Ringelwürmern und Gliedertieren und bisher nur zweimal gefunden, stammt aus dem *Xenusion*-Quarzit, der dem Kalkmarsundsandstein sehr ähnlich oder vielleicht mit ihm sogar identisch ist.
Häufigkeit: häufig.

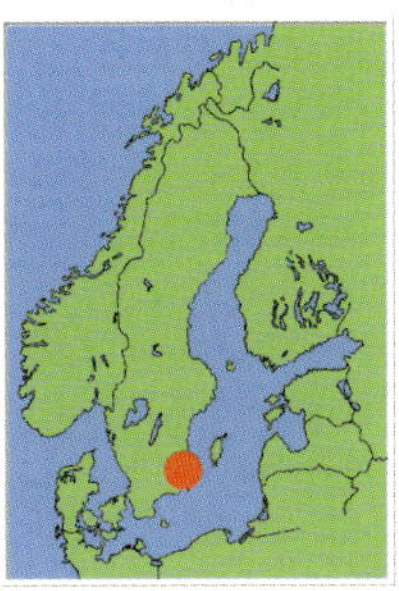

Skolithen-Sandstein

Alter: 550 - 540 Millionen Jahre (Eo- bis Unterkambrium).
Herkunft: Schonen, Kalmarsund, evtl. Estland.
Beschreibung: Der Skolithen-Sandstein gehört zu den häufigsten Sedimentärgeschieben und führt zugleich die ältesten Fossilien, die man in Deutschland finden kann. Das quarzitische Gestein ist weißgrau bis gelblich. Senkrecht zur Schichtung stehen 2 - 4 mm dicke Wohnröhren wurmartiger Organismen. Manchmal sind einige Sedimentlagen sowie die Röhren violett gefärbt. Die Schichtung ist durch die Röhren nicht beeinflusst worden, d. h. die Röhren wurden durch Verschleimung von Sandkörnchen nach oben in das freie Wasser gebaut, das Sediment hat sich erst später dazwischen abgelagert. Die häufigste Art dieser Spurenfossilien ist *Skolithos linearis*, zwei weitere Arten sind bekannt. Die Sandsteine mit den rot-violett gefärbten Röhren dürften ins Eokambrium gehören und sind damit älter als die Sandsteine mit weißen oder grauen Röhren.
Häufigkeit: gewöhnlich.

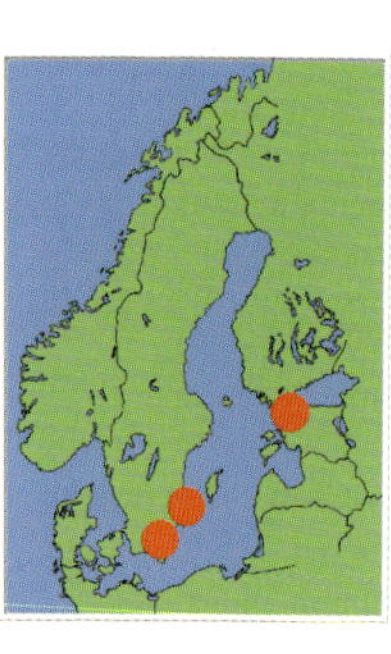

Sandstein mit Lebensspuren

Alter: 540 Millionen Jahre (Unterkambrium).
Herkunft: Südschweden.
Beschreibung: Viele unterkambrische Sandsteine und Quarzite zeigen eine deutliche Schichtung, die von Wohn- und Grabbauen durchbrochen wird. Die Erzeuger dieser Spurenfossilien sind unbekannt. *Monocraterion* (Foto) bezeichnet senkrecht in das Sediment gegrabene Röhren. Dabei kam es zu der charakteristischen Schichtabbiegung, die bei dem abgebildeten Fund gut erkennbar ist.
Auf der Gesteinsoberfläche erkennt man zwei ineinanderliegende Kreise (Röhre und Sedimenttrichter).
U-förmige Spreitenbaue, wie man sie heute vom Wattwurm kennt, nennt man *Diplocraterion*. Auf der Oberfläche des Gesteins sind dann hantelförmige Muster erkennbar, nämlich die kreisförmigen Querschnitte der beiden Röhrenschenkel und dazwischen die bandförmige Spreite, die durch das Tiefertreiben des Baues entsteht.
Häufigkeit: gewöhnlich.

Glaukonitischer Sandstein

Alter: 540 Millionen Jahre (Unterkambrium).
Herkunft: Bornholm, Südschweden und andere Gebiete Skandinaviens.
Beschreibung: Ein deutlich geschichteter Sandstein aus dem unteren Kambrium, der durch seinen hohen Glaukonitgehalt grün gefärbt ist. Das Gestein lässt sich gut spalten, Fossilien sind aber selten. Trotzdem werden nach ihrem Vorkommen *Volborthella*-, *Mobergella*-, *Acrothele*- oder Hyolithen-Sandstein und andere Varietäten unterschieden. Viele dieser Fossilien sind bis heute in ihrer systematischen Stellung umstritten. Ihr Alter ist in etwa dasselbe, das Herkunftsgebiet dürfte aber unterschiedlich sein. Wellige glaukonitische Sandsteine, teilweise mit rostfarbenen Flecken, dürften dem „Grünen Schiefer“ von Bornholm entsprechen.
Häufigkeit: häufig.

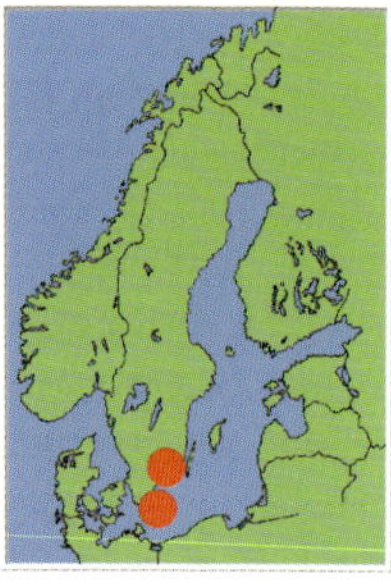

Eophyton-Sandstein

Alter: 510 Millionen Jahre (Mittelkambrium).
Herkunft: Öland.
Beschreibung: *Eophyton* bedeutet übersetzt soviel wie frühe Pflanze. Tatsächlich hat man die erhabenen Strukturen auf der Gesteinsoberfläche früher für die Abdrücke versteinerter Pflanzen (Tang) gehalten. In Wirklichkeit handelt es sich dabei jedoch um Schleif- und Driftmarken von Objekten, die von der Strömung über den Meeresgrund getrieben wurden und die in regelmäßigen Abständen aufsetzten. Die Eindrücke im Sediment wurden später ausgefüllt. Wir blicken heute auf den Gegenabdruck der einstigen Sedimentoberfläche, deswegen sind die Abdrücke jetzt als positves Relief erhalten. Die Gegenseite des Gesteins erscheint häufig wellig. Selten sind auf dieser Seite winzige, dreizehige Fuß-Abdrücke unbekannter Gliedertiere erkennbar. Der *Eophyton*-Sandstein entspricht dem *Paradoxissimus*- („*Tessini*“-) Sandstein von Öland.
Häufigkeit: gewöhnlich.

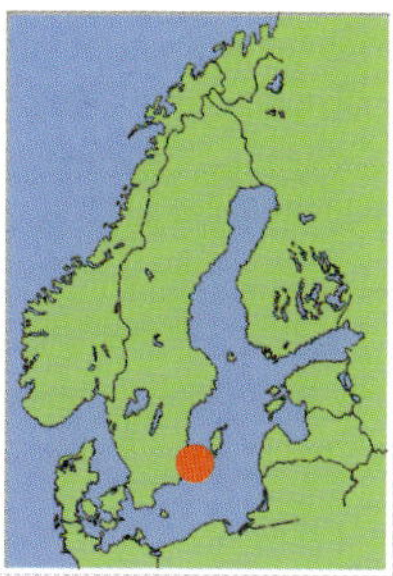

Sphaerosiderit

Alter: 190 - 220 Millionen Jahre (Trias - unterer Jura).
Herkunft: Schweden, Bornholm.
Beschreibung: Sphaerosiderite sind feinkörnige, eisenhaltige Sandsteingeschiebe, sehr hart und zäh, kaum aufzuschlagen. Die rotbraune Farbe der Oberfläche ist auf die Außenhaut des Gesteins beschränkt. Im Inneren sind die Geschiebe bräunlich bis grünlichgrau. Fossilien sind selten. Meistens sind die Blöcke nicht geschichtet, es gibt jedoch Varietäten, die eine undeutliche Schichtung zeigen und die mit Pflanzenresten erfüllt sind. Vollständige Blätter oder Farnwedel sind bekannt, aber sehr selten. Die meisten Sphaerosiderite stammen aus dem Rhät, also der Grenze von der Trias zum Lias, sie können aber auch jünger sein.
Häufigkeit: gewöhnlich.

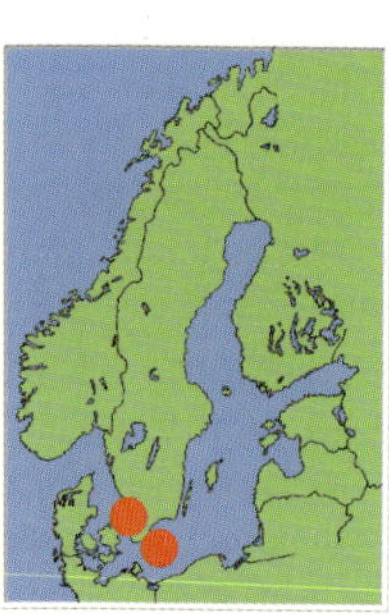

Limonit-Sandstein

<u>Alter</u>: 20 Millionen Jahre (Tertiär).
<u>Herkunft</u>: Schleswig-Holstein, Dänemark, Südschweden.
<u>Beschreibung</u>: Ein glimmerhaltiger Sandstein oder Kalksandstein mit eisenreichem Bindemittel. Häufig ist das Gestein von Muscheln und Schnecken erfüllt. Verwitterte Blöcke lassen die Hohlräume aufgelöster Muschelschalen oder Schneckengehäuse erkennen. Es gibt in Dänemark und Norddeutschland zahlreiche, regional begrenzte Vorkommen ähnlicher Gesteine, die nach ihrer Fauna, ihrem Alter und ihrem Verbreitungsgebiet unterschiedliche Namen tragen.
Glimmerreiche Sandsteine mit rotbrauner Verwitterungsrinde und braungrauem Kern kennt man auch aus dem Rhät - Lias (kleines Bild). Sie sind dann 190 - 220 Millionen Jahre alt und können unbestimmbare Pflanzenhäcksel führen.
<u>Häufigkeit</u>: selten.

Quarzit

Alter: 1 - 2 Milliarden Jahre (Präkambrium).
Herkunft: Skandinavien.
Beschreibung: Quarzite sind metamorph überprägte Sandsteine. Die einzelnen Sandkörnchen sind durch die Metamorphose miteinander verwachsen. Schlägt man das Gestein mit dem Hammer auf, so brechen die einzelnen Quarzkörnchen durch, während bei einem reinen Sandstein die Sandkörnchen unbeschädigt bleiben würden. Quarzite sind meist weißlich, können aber durch Eisen gelb bis braun, durch Chlorit grün, durch Mangan violett oder durch Graphit dunkelgrau gefärbt sein. Reine Quarze sind am Strand ebenfalls zu finden, hier sind keine einzelnen Mineralkörnchen erkennbar. Das Gestein springt spröde, ist meist milchig, selten rein weiß. Quarzit müsste unter den Metamorphiten eingeordnet werden, soll aber aufgrund seiner engen Beziehung zu den Sandsteinen hier genannt sein.
Häufigkeit: häufig.

Urkalk

<ins>Alter</ins>: 1,8 - 2 Milliarden Jahre (Präkambrium).
<ins>Herkunft</ins>: östliches Mittelschweden.
<ins>Beschreibung</ins>: Als „Urkalk“ werden metamorphe Kalke (= Marmor) des svekofennidischen Grundgebirges bezeichnet. Sie gehören zu den ältesten Sedimentgesteinen des baltoskandischen Raumes. Das Gestein ist zuckerkörnig, schmutzig weiß, gelegentlich rosa oder grünlich. Kleine Glimmerschüppchen und Graphitblättchen kommen vor, zudem rund ein Dutzend weiterer Minerale, darunter Spinell, Turmalin, Titanit und Quarz. Urkalk ist nicht selten, ist aber erst mit ein wenig Übung am Strand zu erkennen. Er kommt mitunter in sehr großen Blöcken vor.
Das Gestein müßte streng genommen bei den Metamorphiten eingeordnet werden, soll aber aufgrund seiner Zugehörigkeit zu den Kalken an dieser Stelle geführt werden.
<ins>Häufigkeit</ins>: gewöhnlich.

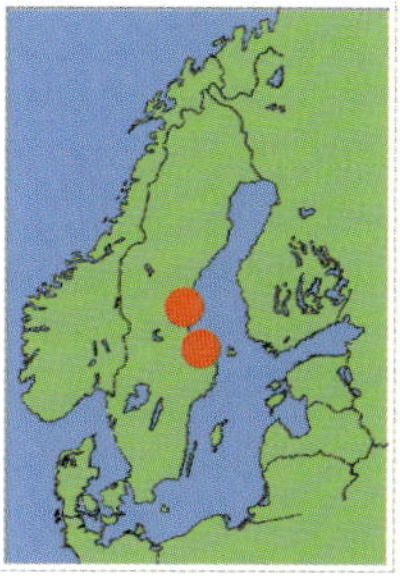

Stinkkalk

Alter: 495 - 505 Millionen Jahre (Oberkambrium).
Herkunft: Öland, Schonen, Bornholm, Västergötland, Östergötland, Närke, Oslo.
Beschreibung: Es gibt Steine, die man riechen kann. Der graubraune, aufgeschlagen fast schwarze Stinkkalk gehört dazu. Er hat eine matte Oberfläche, ist manchmal deutlich geschichtet und häufig von hellen Calcit-Adern durchsetzt.
Kratzen Sie einmal mit einem Nagel oder Taschenmesser über den Stein und schnuppern Sie - Sie werden den Stein von seiner besten Seite kennenlernen. Ein Hauch von Bitumen.

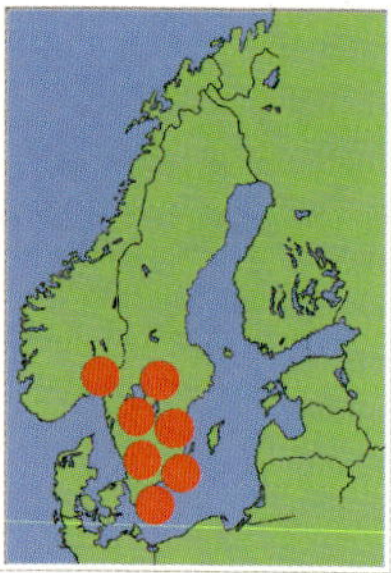

Das Gestein ist reich an organischer Substanz. Beim Anschlagen verbreitet es seinen typischen Geruch - ein Stein, den man nicht vergisst. Entstanden ist der Stinkkalk aus dem Schlamm am Boden eines wenig bewegten Meeres im oberen Kambrium vor mehr als 500 Millionen Jahren. Die Schichtflächen sind oft von Fossilien (Trilobiten-Schill = Häutungsreste von „Dreilappern") übersät.
Häufigkeit: gewöhnlich.

Roter Kalkstein

Alter: 485 bis 465 Millionen Jahre (Unterordovizium).
Herkunft: Öland, Västergötland.
Beschreibung: Rote Kalksteine gibt es fast ausschließlich im unteren und mittleren Ordovizium, aber natürlich gibt es Ausnahmen. Sie sind in der Regel deutlich geschichtet, manchmal von grünen oder gelben Partien durchzogen. Feinkörnige rote Kalke führen eine reiche Trilobitenfauna, grob kristalline Kalke enthalten häufig langgestreckte Gehäuse früher Kopffüßer (s. S. 130).
Roter Orthocerenkalk ist ein wichtiger Baustoff, wurde von Schweden nach Dänemark und Norddeutschland exportiert. Der Fußboden vieler Kirchen ist mit Orthocerenkalk ausgelegt, auch Grabplatten, Fassadenverkleidungen, Tischplatten und Fensterbänke werden aus Orthocerenkalk gefertigt.
Häufigkeit: häufig.

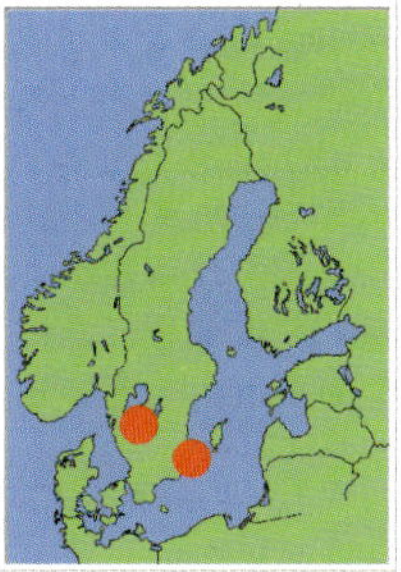

Grauer Kalkstein

Alter: 485 bis 420 Millionen Jahre (Ordovizium - Silur).
Herkunft: Schweden, Baltische Staaten; weit verbreitet.
Beschreibung: Kalkstein ist im Meer entstanden. Die Oberfläche fühlt sich stumpf an. Das Gestein ist oft deutlich geschichtet. Kalkstein kann nahezu alle Farben haben, meist ist er weiß, grau, gelblich, grünlich oder rötlich. Kalksteine sind relativ weich und lassen sich mit dem Taschenmesser ritzen. Tropft man etwas Salzsäure (oder Essig) auf das Gestein, beginnt es zu schäumen - ein sicherer Nachweis für Kalk.
Graue Kalksteine stammen meist aus dem Ordovizium oder Silur und enthalten häufig Fossilien. Sammler schlagen deshalb gezielt Kalksteine auf, um dem Leben des Urmeeres auf die Spur zu kommen. Manchmal sind Fossilien schon am Querbruch auf der Oberfläche des Gesteins zu erkennen.
Häufigkeit: häufig.

Ostsee-Kalk

Alter: 445 Millionen Jahre (Oberordovizium).
Herkunft: Nordbaltikum.
Beschreibung: Der helle, rot geflammte Kalk ist hart und splittrig. Er erinnert an den lithographensteinartigen Solnhofener Plattenkalk. Kennzeichnend sind vor allem die rosaroten Partien, die in keinem anderen Kalk vorkommen. Allerdings gibt es auch Varianten die gelblichgrau sind, aber ebenso hart und scherbig brechend. Fossilien sind selten und oft nur am Querschnitt zu erkennen. Sie müssen dann mühsam herauspräpariert werden. Das Gestein steht im Nordbaltikum an, denn Geschiebe können noch nördlich von Uppsala gefunden werden.
Häufigkeit: gewöhnlich.

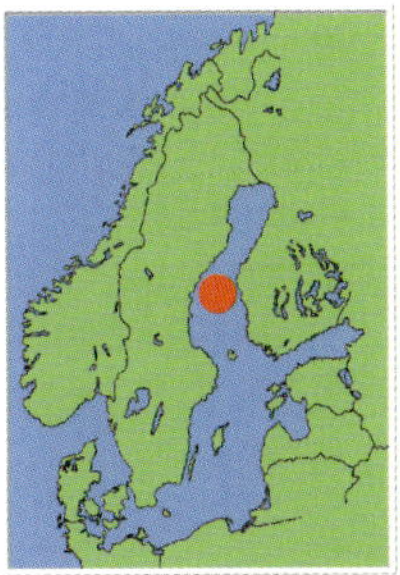

Palaeoporellen-Kalk

Alter: 445 Millionen Jahre (Oberordovizium).
Herkunft: Ostseegrund nördlich von Öland.
Beschreibung: Der Palaeoporellen-Kalk aus dem oberen Ordovizium gehört zu den Algenkalken, d. h. zu den Gesteinen, die fast vollständig von Kalkalgen aufgebaut sind. Er ist rosaweiß bis grünweiß, zäh und in der Regel von Stylolithen durchsetzt. Dies sind Verzahnungen an den Schichtgrenzen, die durch Auflösungsvorgänge entstehen. Er führt selten andere Fossilien als die an den kreisrunden Querschnitten erkennbaren Kalkalgen. Brachiopoden und eingerollte Kopffüßer sind bekannt. Palaeoporellen-Kalk kann in tonnenschweren Blöcken von mehr als 1,50 m Länge vorkommen.
Häufigkeit: gewöhnlich.

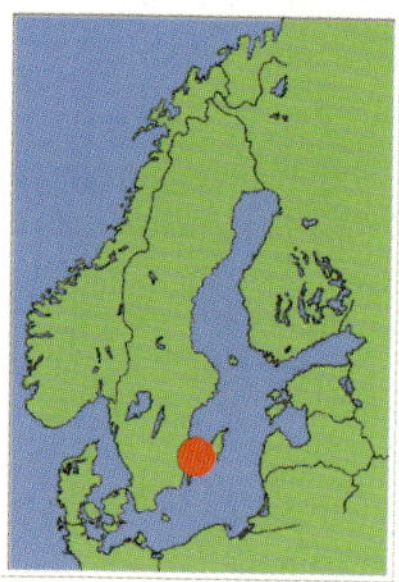

Beyrichienkalk

Alter: 420 Millionen Jahre (Silur).
Herkunft: wahrscheinlich am Grund der Ostsee südwestlich von Gotland anstehend.
Beschreibung: Ein blaugrauer, fossilreicher Kalkstein aus dem obersten Silur. Manchmal ist er regelrecht erfüllt von 1 - 2 mm großen braunen Klappen eines winzigen Muschelkrebses (*Nodibeyrichia tuberculata*), von denen er seinen Namen erhalten hat. Sehr häufig sind auch die muschelähnlichen Brachiopoden. Etwa 5 mm groß und grob berippt ist *Microsphaerodiorhynchus nucula*, die man auch lose im Sand finden kann. Bis 10 mm breit und fein berippt ist *Protochonetes striatellus*. Auch Schnecken, Kopffüßer und andere Fossilien kommen im Beyrichienkalk vor. Meist sind die Fossilien schon auf der Oberfläche des Gesteins sichtbar, dann aber durch Abrollung mehr oder weniger stark beschädigt. Ein vorsichtiges Öffnen durch leichte Hammerschläge auf die Stirnseite des Geschiebes kann fantastisch erhaltene Fossilien auf den Schichtflächen freilegen.
Häufigkeit: gewöhnlich.

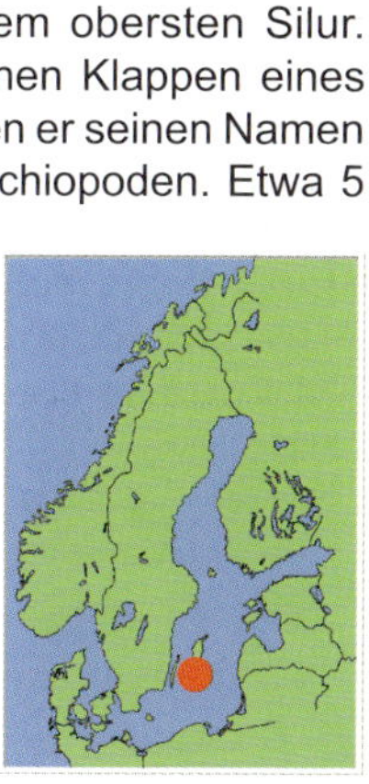

Kreide-Kalk

Alter: 70 Millionen Jahre (Kreide).
Herkunft: Dänemark.
Beschreibung: Kreide-Kalk ist aus den mikroskopisch kleinen Kalkplättchen winziger, planktisch lebender Flagellaten (Einzeller) aufgebaut. Er ist sehr weich und reibt sich leicht ab. Man kann mit ihm auf anderen Gesteinen schreiben, er hat aber nichts mit der Tafelkreide zu tun. Fossilien kommen in den Kreide-Kalken vor, sind aber nicht besonders häufig. Man kennt Seeigel, Muscheln, Brachiopoden und andere. Ähnliche Gesteine gibt es auch noch im ältesten Tertiär (Bryozoen-Kalk). Im Kreide-Kalk haben sich übrigens die Feuersteine gebildet, die im Anstehenden regelrechte Bänder bilden und sogar für stratigraphische Untersuchungen herangezogen werden.
Häufigkeit: häufig.

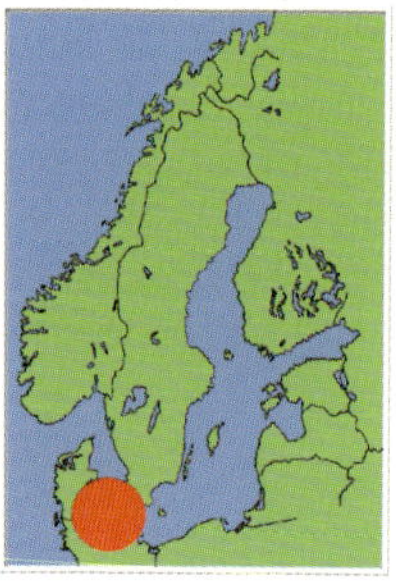

Faxe-Kalk

Alter: 60 Millionen Jahre (unteres Tertiär).
Herkunft: Faxe (Seeland/DK).
Beschreibung: Der Faxe-Kalk ist schmutzig-weiß, fest und sehr feinkörnig. Er ist meist vollkommen von Korallen-Ästen durchsetzt, die häufig in Steinkernerhaltung vorliegen. Auf der Oberfläche des Gesteins sind die Querschnitte der Korallen mit dem typischen Septenmuster erkennbar. Dort, wo die Korallen verwittern, entstehen tiefe Löcher. Die häufigste Korallenart ist *Faksephyllia faxoensis*. Oft kommen auch kleine Krebspanzer vor, die meist zu *Dromiopsis rugosa* gehören. Auch Schnecken, Nautiliden, Haizähne und andere Fossilien sind bekannt, aber sehr selten. Der Faxe-Kalk stammt aus dem Danien (ältestes Tertiär).
Häufigkeit: gewöhnlich.

Zementstein

Alter: 55 Millionen Jahre (unteres Tertiär).
Herkunft: Nordjütland.
Beschreibung: Im Gebiet des Limfjordes in Norddänemark steht die 60 m mächtige Fur-Formation an, die aus Moler (dänisch „ler“ = „Ton“), Zementstein und Aschenschichten aufgebaut sind. Der Moler ist ein marines Sediment und besteht hauptsächlich aus Kieselalgen (Diatomeen) und Ton. Ist dieser Ton mit Kalk verkittet (zementiert), so spricht man von Zementstein. In dieser Sedimentfolge sind 179 dunkle vulkanische Aschenlagen bekannt. In den Schichten kann man Fossilien finden, vor allem Fische und Insekten, aber auch Schlangensterne, Vögel und andere Tiere sind bekannt.
Geschiebe dieser Schichtenfolge sind im Norden Dänemarks häufig, kommen in Schleswig-Holstein seltener vor. Es gibt übrigens im Nordosten Mecklenburg-Vorpommerns ähnliche Ablagerungen, die ebenfalls Lokalgeschiebe geliefert haben.
Häufigkeit: in Nordjütland häufig, andernorts selten.

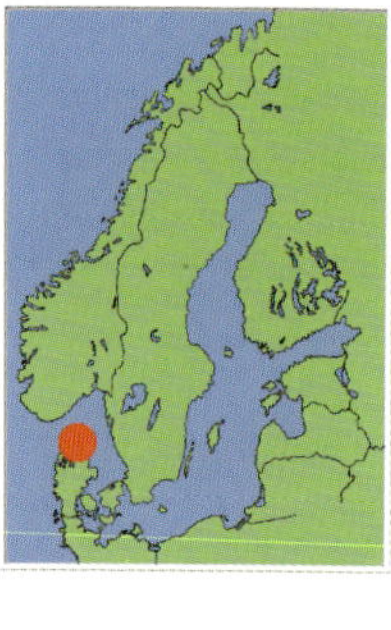

Heiligenhafener Gestein

Alter: 50 Millionen Jahre (unteres Tertiär).
Herkunft: Ostseegrund und tieferer Untergrund um Heiligenhafen.
Beschreibung: Im feuchten Zustand olivgrün, trocken eher grau, scherbig brechend. Das Gestein verwittert schnell, zerfällt dann in viele, scharfkantige Bruchstücke. Fossilien sind selten, Muscheln (*Flabellipecten*) und sehr selten auch vollständige Krebse sind bekannt.

Das Heiligenhafener Gestein aus dem Eozän ist ein typisches Lokalgeschiebe. Es steht im Untergrund vor Heiligenhafen an und kommt deshalb besonders häufig an den umliegenden Steilküsten, von Weissenhaus bis zum Brodtener Ufer vor, ist aber auch an anderen Küsten nachgewiesen. Man findet es kaum noch nördlich von Kiel oder östlich von Boltenhagen.

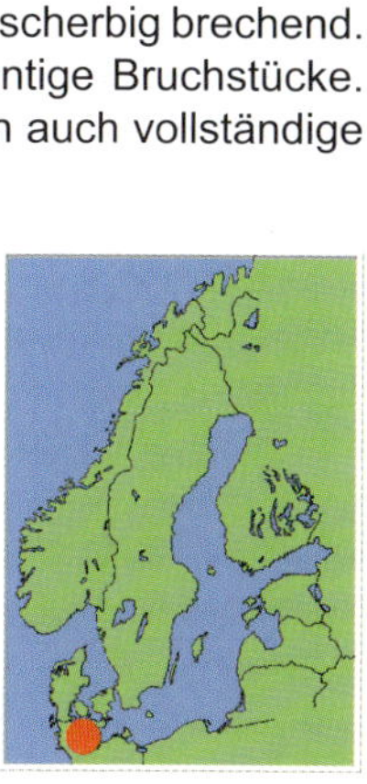

Häufigkeit: häufig.

Tonschiefer

Alter: 515 - 420 Millionen Jahre (Mittelkambrium - Silur).
Herkunft: Norwegen, Schweden, Bornholm, Estland.
Beschreibung: Tonschiefer ist weich, schwarz und fühlt sich matt-samtig an. Er kommt aufgrund seiner geringen Härte meist nur in relativ kleinen Stücken vor. Schiefer ist sehr fein geschichtet und kann in blattdünne Schichten aufgespalten werden. Schieferlagen gibt es in vielen Regionen Skandinaviens. Er stammt meist aus dem Kambrium, Ordovizium oder Silur, aber auch jüngere Vorkommen sind bekannt. Je nach Alter des Gesteins kann ein Fundstück unterschiedliche Fossilien führen. Kambrische Schiefer enthalten häufig Trilobiten, ordovizische und silurische Graptolithen oder Brachiopoden, selten Muscheln.
Es gibt auch glasharte, sehr splittrige Kieselschiefer oder Lydite, die meist Graptolithen bergen. Sie sind kantiger und meist dicker als die hier gezeigten Tonschiefer.
Häufigkeit: selten.

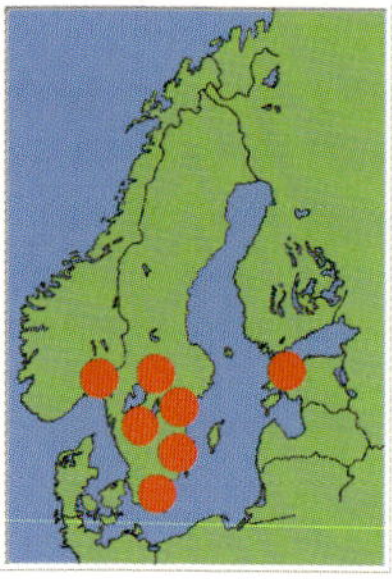

Glimmerreicher Schiefer

Alter: 420 Millionen Jahre (Silur).
Herkunft: Schonen, Ostseegrund südöstlich von Öland.
Beschreibung: Im obersten Silur von Schonen sind graue, sandige und glimmerreiche 'Schiefer' bekannt. Sie sind fein geschichtet, meist wellig und nahezu fossilfrei. Einige plattige Geschiebe enthalten jedoch lagenweise von der Strömung eingeregelte Graptolithen (Schriftsteine), laubsägeblattartige Äste einer planktonisch lebenden, heute ausgestorbenen Tiergruppe. Manchmal sind die Schichtflächen von Eisenoxid („Rost“) gelblich verfärbt.
Häufigkeit: gewöhnlich.

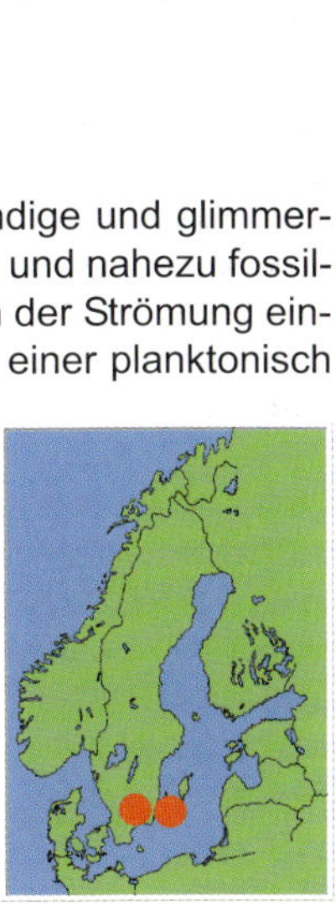

Feuerstein

Alter: 60 - 70 Millionen Jahre (obere Kreide bis unteres Tertiär).
Herkunft: Dänemark, Schonen.
Beschreibung: Feuerstein oder Flint ist das häufigste Gestein an den Küsten Schleswig-Holsteins. Seine genaue Entstehung ist noch immer umstritten. Er hat sich im Schreibkreidemeer gebildet, besteht aus Kieselsäure und ist damit chemisch vergleichbar mit Fensterglas, Achat oder Bergkristall. Feuerstein ist sehr hart und zäh. Er bricht muschelig und ist sehr scharfkantig. Unsere Vorfahren haben aus ihm Pfeilspitzen, Steinbeile, Schaber und viele andere Werkzeuge hergestellt. Er ist sehr fossilreich, jedoch kann man die Fossilien nicht herausschlagen (was zudem durch die Splittergefahr sehr gefährlich ist!). Seeigel, Muscheln, Moostierchen, Schwämme, Korallen und andere sind bekannt, sogar Fische und Saurierzähne können im Feuerstein vorkommen.

Häufigkeit: häufig.

weißer Feuerstein

Alter: 60 - 70 Millionen Jahre (obere Kreide bis unteres Tertiär).
Herkunft: Dänemark, Schonen.
Beschreibung: Oft ist Feuerstein von einer weißen Rinde umgeben. Andere Feuersteine scheinen sogar völlig weiß. Im Inneren befindet sich jedoch ein schwarzer Kern. Die weiße Rinde ist kein Schreibkreiderest, sondern Opal. Beim Betropfen mit Salzsäure ist kein Aufschäumen zu beobachten.
Feuerstein ist in Dänemark bzw. in Südschweden beheimatet. Als Geschiebe ist er von den Eiszeiten bis in die Niederlande, das Münsterland, an den Harzrand, in die Leiziger Bucht und sogar bis nach Tschechien transportiert worden. Seine äußerste Verbreitung ist die sogenannte „Feuersteinlinie“, die auch gleichzeitig die maximale Ausdehnung der Gletscher kennzeichnet.
Mit Feuerstein und einer Pyritknolle (in neuerer Zeit nimmt man Eisen/Stahl, am besten geht es mit einer alten Feile) kann man Funken schlagen. Hier hat übrigens der Name „Flinte“ für ein Steinschloßgewehr seinen Ursprung.
Häufigkeit: häufig.

gelber Feuerstein

Alter: 60 Millionen Jahre (unteres Tertiär).
Herkunft: Dänemark, Schonen.
Beschreibung: Feuerstein ist nicht nur grau und schwarz, sondern kann auch gelbe und rote Farben zeigen. Gelber Feuerstein wird oft für Bernstein gehalten. Er ist jedoch sehr viel schwerer, glänzender, härter. Wenn man mit Feuerstein vorsichtig gegen seine Zähne klopft, so ist er kalt und unangenehm, Bernstein hingegen weich und angenehm. Gelber, brauner und roter Feuerstein ist jünger als die schwarze Variante, stammt aus dem Danien (ältestes Tertiär). Die Farben des Feuersteins sind häufig Verwitterungserscheinungen.
Häufigkeit: gewöhnlich.

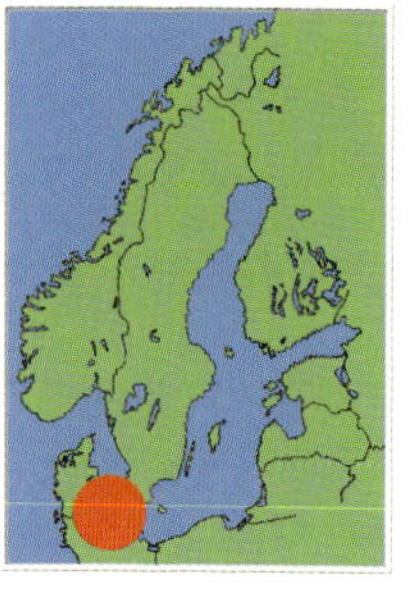

Grüngerindeter Feuerstein

Alter: 70 Millionen Jahre (obere Kreide).
Herkunft: Dänemark, Schonen.
Beschreibung: Manchmal findet man Feuersteine mit einer grünen oder braunen Kruste. Besonders an den Küsten um Heiligenhafen und Fehmarn kommen solche Feuersteine vor. Die Rinde ist durch Imprägnierung mit Eisensalzen entstanden. Später hat sich im Flachmeer eine grüne Glaukonitkruste gebildet. Der grüngerindete Feuerstein hat also eine bewegte Vergangenheit hinter sich. Er ist im Schlamm des kreidezeitlichen Meeres entstanden. Die Kreide-Schichten wurden später abgetragen, dadurch hat sich der harte Feuerstein in einigen Gebieten angereichert. Im eindringenden Meer des Paläozäns haben sich dann zunächst die braune Rinde und später die grüne Kruste gebildet. Das Gestein wurde erneut eingebettet und Jahrmillionen später von den Gletschern der Eiszeit aufgenommen. Nach dem Abschmelzen der Eismassen hat der Stein dann am heutigen Ostseestrand eine dritte Heimat gefunden (bis ein Sammler ihn mitnimmt und ihn zu Hause auf quartärer Lagerstätte archiviert).
Häufigkeit: gewöhnlich.

gebänderter Feuerstein & Scheinfossilien

Alter: 60 - 70 Millionen Jahre (obere Kreide bis unteres Tertiär).
Herkunft: Dänemark, Schonen.
Beschreibung: Bei jedem Strandspaziergang stoßen wir auf Steine, die in ihrer Form an Lebewesen oder irgendwelche Dinge erinnern. Besonders Feuersteine können nahezu jede Gestalt annehmen und unsere Phantasie anregen: Ein versteinerter Seehund, eine Schildkröte, ein Vogelkopf, eine Erdnuss, ein Fußabdruck... Mit Fossilien haben diese Gebilde aber nicht gemeinsam. Es sind reine Zufallsbildungen.
Die Streifen des gebänderten Feuersteins sind auf rhythmische Fällungen zurückzuführen, auch sie sind rein anorganischer Entstehung.
Häufigkeit: häufig.

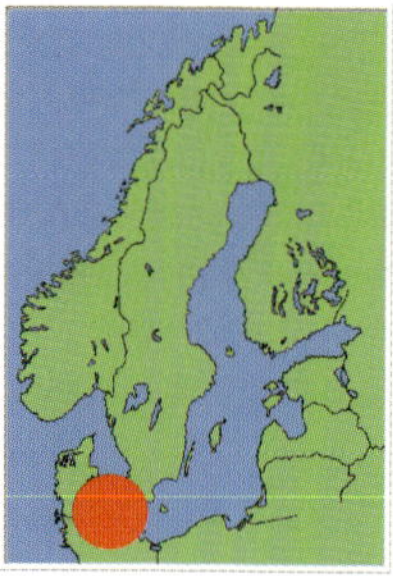

„Hühnergötter“

Alter: 60 - 70 Millionen Jahre (obere Kreide bis unteres Tertiär).
Herkunft: Dänemark, Schonen.
Beschreibung: Kleine Feuersteine mit Loch werden als Hühnergott bezeichnet. Sie wurden in der Vergangenheit mit einem Faden an eine Hühnerstange gehängt. Das Federvieh sollte so zu verbesserter Legetätigkeit angeregt werden. Auch der Fuchs sollte durch diesen Brauch von einem Eindringen in den Hühnerstall abgehalten werden.
Besonders große, durchlochte Feuersteine (bis 1 m Durchmesser) sind die *"Saßnitzer Blumentöpfe"*, die an den Steilküsten Rügens gefunden werden, aber auch in Schleswig-Holstein gelegentlich auftreten. In Dänemark heißen sie *"Flintkrukke"*, in der Fachsprache *Paramoudras*.
Häufigkeit: gewöhnlich.

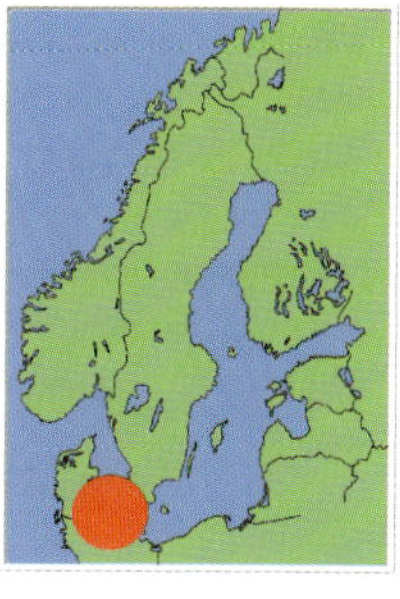

Hanaskog-Flint

Alter: 80 Millionen Jahre (obere Kreide).
Herkunft: Hanaskog, Schonen.
Beschreibung: Der Hanaskog-Flint aus dem Campan (obere Kreide) wird auch sehr treffend als weißgefleckter Feuerstein bezeichnet. Kennzeichnend sind zahlreiche, 1 - 2 mm große Flecken aus weißem Opal. Häufig sind die hellen Partien verwittert und haben Hohlräume im Gestein hinterlassen. Die Geschiebe sind nur selten größer als eine Faust, es sind jedoch auch schon Blöcke mit einer Kantenlänge von mehr als 30 cm gefunden worden. Manchmal führt der Hanaskog-Flint auch Fossilen wie Muscheln, Belemniten und sogar die im Feuerstein sonst sehr seltenen Schnecken.
Häufigkeit: gewöhnlich.

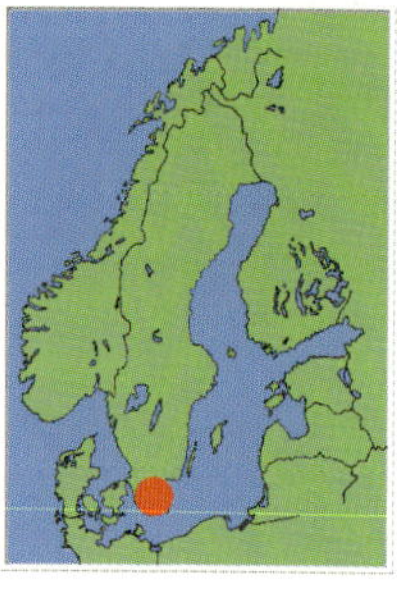

Ockergelber Hornstein

Alter: 60 Millionen Jahre (unteres Tertiär).
Herkunft: Dänemark.
Beschreibung: Der ockergelbe Hornstein ist hart, zäh, feuerstein- bzw. jaspisartig. Die Oberfläche ist löcherig und auch im Inneren finden sich zahlreiche kleine Hohlräume, die meist mit Chalcedon oder sogar Achat ausgefüllt sind. Hornstein ist durch Verkieselungsvorgänge in Bryozoenkalken entstanden. Er ist in der Regel fossilreich, von Bryozoen (Moostierchen), kleinen Austernschalen und Seeigelbruchstücken durchsetzt. Aber auch völlig fossilleere Blöcke sind bekannt.
Häufigkeit: selten.

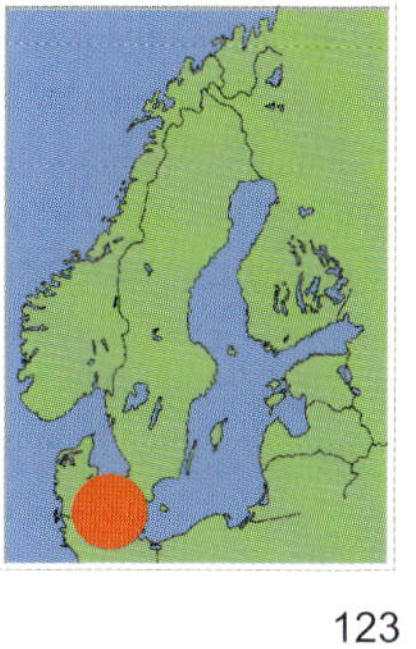

Phosphorite

Alter: 545 - 10 Millionen Jahre (seit dem Kambrium; häufig im Tertiär).
Herkunft: Skandinavien.
Beschreibung: Phosphorite entstehen in geringen Meerestiefen (bis vielleicht 300 m) durch Anreicherungen von Calciumphosphaten. Die organische Substanz stammt dabei meist von aufgelösten Knochen, Zähnen und anderen phosphorreichen Substanzen. Diese Konkretionen sind dunkelbraun bis schwarz, außen hellbeige verwittert. Viele Phosphorite sind stabförmig oder knollig.
Phosphorite sind mit dem Säuretest von ähnlichen Kalk- oder Tonkonkretionen zu unterscheiden, schäumen beim Betropfen mit Salzsäure nicht auf.
Phosphorite kommen meist als Geröll in anderen Gesteinen vor, können aber auch lose gefunden werden. Sie stammen aus verschiedenen Erdzeitaltern.
Häufigkeit: gewöhnlich.

Tonkonkretionen, Septarien

Alter: 30 - 50 Millionen Jahre (Tertiär).
Herkunft: Schleswig-Holstein, Dänemark.
Beschreibung: In vielen (tertiären) Tonen entstehen um einen Kristallisationskern (eine Muschel, ein Haizahn, ein Stückchen Holz, ...) knollige Konkretionen. Aber wenn man die Konkretionen aufschlägt, ist von diesem meistens nichts mehr zu erkennen. Ihre Form ist unregelmäßig, manchmal rund bis eiförmig. Sie sind rotbraun bis graubraun, innen hellbeige und in der Regel von einer schwarzen Außenhaut umgeben. Beim Betropfen mit Salzsäure schäumen diese kalkhaltigen Knollen deutlich auf.
Von Septarien spricht man, wenn im Inneren durch Austrocknung Schrumpfungsrisse auftreten, die mit meist gelbem Calcit ausgefüllt sind.
Häufigkeit: gewöhnlich.

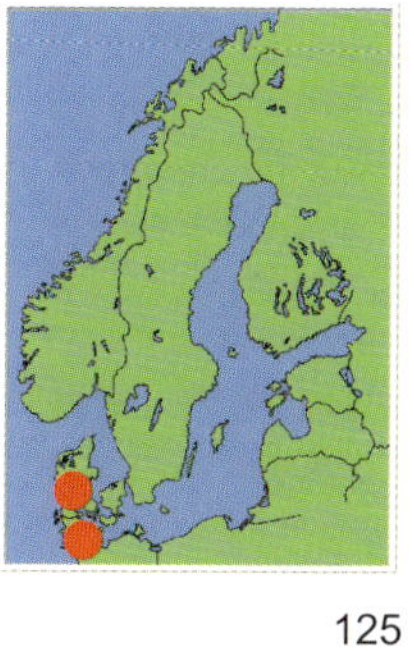

Konglomerat

Alter: 1,6 Milliarden bis wenige Millionen Jahre.
Herkunft: Skandinavien.
Beschreibung: Ein Konglomerat ist nichts anderes als ein versteinerter Strandabschnitt. In eine sandige Matrix sind zahlreiche, deutlich abgerundete Gesteinsstücke eingebettet. Diese Gerölle sind meist gleichgroß, können in ihrer Größe aber auch stark variieren. Meistens sind Gerölle verschiedener Gesteinsarten vorhanden. Die eingebetteten Gerölle sind dabei immer älter als die Matrix. Nur wenige Konglomerate sind eindeutig bestimmbar. Das 1,6 Milliarden Jahre alte Digerberg-Konglomerat führt Gerölle von Dala-Porphyren und ist in Dalarna beheimatet. Tosterup-Konglomerat enthält zahlreiche grüne Sandsteine, Glimmerschiefer und Phosphorite. Es stammt aus der oberen Kreide und ist 80 Millionen Jahre alt. Der sogenannte „Puddingstein" führt sehr viele Feuerstein-Gerölle. Er kommt aus einem Gebiet zwischen Nordjütland und Südnorwegen und ist etwa 60 Millionen Jahre alt.
Häufigkeit: gewöhnlich.

Brekzie

Alter: aus mehreren Formationen bekannt.
Herkunft: Baltoskandien.
Beschreibung: Ähnlich wie bei einem Konglomerat sind Fremdgesteine in eine Matrix eingebettet, nur sind die Gesteinstrümmer in diesem Fall eckig, scharfkantig. Das Zerbrechen eines Gesteins kann durch tektonische Kräfte, durch Vulkanausbrüche, durch Felsstürze und andere Ereignissen erfolgen. Die Trümmer gehören meist einer einzigen Gesteinsart an. Die Risse können von eingedrungenem Sediment, von Quarz, Calcit oder anderen Mineralen ausgefüllt sein. Sogar Achat kann als Spaltenfüllung vorkommen. Die Heimat der Brekzien ist in der Regel nicht zu bestimmen. Von Forsmark (Uppland) kennt man eine Brekzie von braunroten Gesteinstrümmern, die mit weißem Quarz verkittet sind.
Häufigkeit: selten.

Faserkalk

Alter: 50 Millionen Jahre (unteres Tertiär).
Herkunft: oberflächennahe eozäne Tone zwischen Ost-Schleswig und Nord-Mecklenburg, häufig in Ostholstein/Fehmarn.
Beschreibung: Oft wird der Faserkalk mit versteinertem Holz verwechselt, er ist jedoch ein Mineral und kein Fossil. Es handelt sich um gelbliche bis schmutzig blaugraue, selten auch rosafarbene Kalkkonkretionen. Von einer horizontalen Nahtlinie sind faserige Kalzitkristalle nach oben und nach unten in den umgebenden Ton gewachsen. Dunkle Einschlüsse im Faserkalk sind meistens Lagen vulkanischer Asche. Bei der Öffnung des Atlantiks im Tertiär vor rund 50 Millionen Jahren gab es im Gebiet von den Faröer-Inseln bis zu den Hebriden einen ausgedehnten Vulkanismus, dessen Spuren sich im Faserkalk nachweisen lassen. Der Faserkalk ist durchscheinend und erinnert geschliffen ein wenig an Bernstein. Er ist als Schmuckstein von friesischen Frauen getragen worden. Noch heute nennt man ihn auch „Ostsee-Jade".
Häufigkeit: gewöhnlich.

Bernstein

Alter: 40 Millionen Jahre (Tertiär).
Herkunft: Ostseeraum.
Beschreibung: Bernstein ist das fossile Harz der Bernsteinkiefer, die vor 40 Millionen Jahren in Schweden, Finnland und im Baltikum beheimatet war. Im Harz eingeschlossen kann man Insekten, Spinnen und andere Tiere finden, bis in die feinsten Härchen erhalten.
Jeder hat wohl an der Ostsee- oder Nordseeküste schon nach Bernstein gesucht. Besonders nach Stürmen sind die Aussichten nicht schlecht. Dort, wo Seetang und kleine Holzstückchen liegen, ist auch Bernstein zu erwarten. Er ist leichter als gelber Feuerstein, brennt, riecht aromatisch (Schleifpapier oder heiße Nadel) und schwimmt auf konzentriertem Salzwasser.
Übrigens: Jungfrauen haben der Sage nach die größten Chancen auf gute Funde. Der friesische Seetroll Ekke Nekkepen wirft ihnen den Bernstein aus dem Schlick in Bewunderung ihrer Schönheit vor die Füße.
Häufigkeit: selten.

Kopffüßer *Endoceras*

Alter: 485 bis 465 Millionen Jahre (Ordovizium).
Herkunft: Öland, Västergötland.
Beschreibung: Manchmal sind auf der Oberfläche von roten und grauen Kalksteinen die gekammerten Gehäuse von frühen Kopffüßern zu erkennen. Die Kammerscheidewände sind leicht gekrümmt, der konvexe Rand weist zum Hinterende des Tieres. Die Kammern sind durch einen zentralen Kanal miteinander verbunden. Über diesen sogenannten Sipho konnte der Kopffüßer Gas in die Kammern pumpen und nach dem U-Boot-Prinzip auf oder ab schwimmen. Liegt der Sipho zentral, so gehört die Art in die Gruppe des *„Orthoceras“*; ist er randständig, dann gehört sie zur Gruppe des *„Endoceras“*. Das gehäufte Vorkommen der gestreckten Gehäuse dieser Kopffüßer in manchen Gesteinen führte zur Bezeichnung „Orthocerenkalk“. Sie stammen aus dem unteren Ordovizium.
Häufigkeit: gewöhnlich.

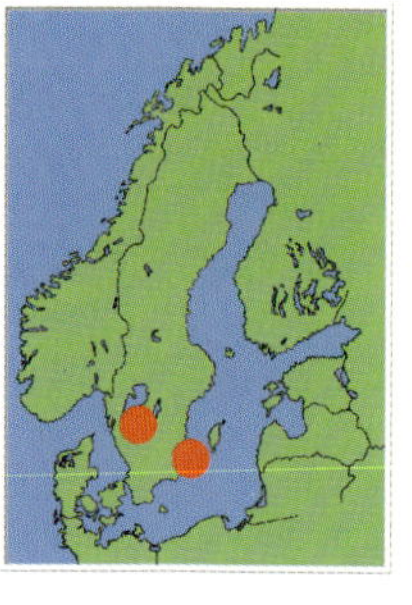

Schwamm

Alter: 70 Millionen Jahre (obere Kreide).
Herkunft: Dänemark, Schonen.
Beschreibung: Schwämme gehören zu den häufigsten Fossilien, die im Feuerstein vorkommen. Meistens handelt es sich um Kieselschwämme, deren Stütznadeln im Inneren des Körpers aus Kieselsäure bestehen. Diese Skelettelemente sind übrigens die Hauptlieferanten für die Kieselsäure des Feuersteins. Es sind viele verschiedene Schwammarten bekannt, beispielsweise die gurkenförmige *Aulaxinia*, der trichterförmige *Ventriculites* oder der sternförmige *Aphrocallistes*. Meistens sind Schwämme jedoch nicht bestimmbar. Große, hohle Flintkugeln bis über 15 cm Durchmesser oder knochenförmige Schwammbruchstücke lose im Kies sind bei aufmerksamer Suche an jedem Strand zu entdecken.
Häufigkeit: häufig.

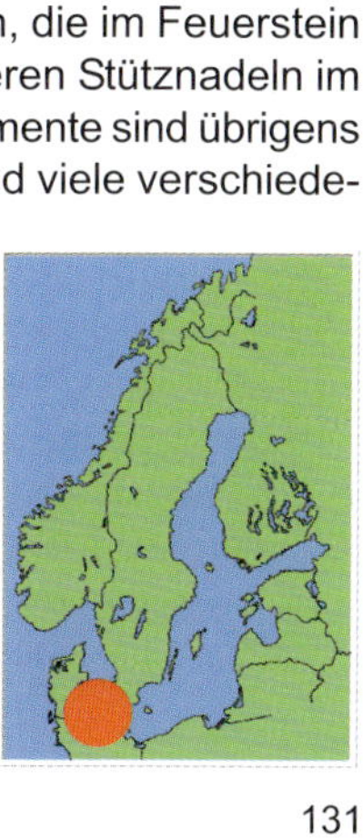

Kugelschwamm *Porosphaera*

Alter: 70 Millionen Jahre (obere Kreide).
Herkunft: Dänemark, Schonen.
Beschreibung: Mitunter findet man im Sand kleine weiße kugelige Schwämme mit einem Durchmesser von 5 bis max. 15 mm. Die Oberfläche zeigt viele winzige Porenöffnungen. Die Schwämme stammen aus der Kreide, sind aus weichem Muttergestein herausgewaschen oder ausgewittert. Manchmal findet sich in den Schwämmen ein großes Bohrloch, das möglicherweise von Schnecken oder anderen Räubern stammt. Es wurde höchstwahrscheinlich schon zu Lebzeiten des Schwammes angelegt. Ist das Bohrloch durchgängig, entstehen regelrechte Perlen. Diese wurden schon in der Steinzeit zu Ketten aufgefädelt.
Häufigkeit: gewöhnlich.

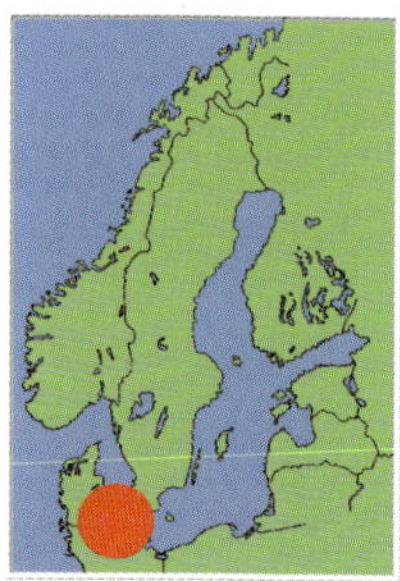

Klappersteine

Alter: 70 Millionen Jahre (obere Kreide).
Herkunft: Dänemark (Mön).
Beschreibung: Die runden Kugeln aus Feuerstein umschließen in der Mitte einen kleinen Schwamm der oberen Kreidezeit, genannt *Plinthosella squamosa*. Manchmal ist er durch Verwitterung von dem umgebenden Gestein losgelöst. Durch Schütteln der Kugel kann man dann ein rasselndes Geräusch wahrnehmen - man spricht daher auch von "Klappersteinen".
Feuersteinkugeln sind überall häufig anzutreffen und meistens ist in ihrem Inneren auch ein Schwamm eingeschlossen, aber ein „echter“ Klapperstein ist sehr selten.
Häufigkeit: gewöhnlich.

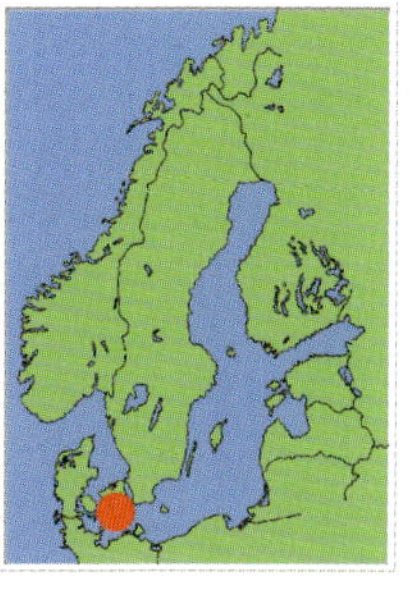

Koralle *Parasmilia*

Alter: 70 Millionen Jahre (obere Kreide).
Herkunft: Dänemark, Schonen.
Beschreibung: Meist finden sich die Kelche dieser kleinen Koralle lose im Kies. Sie liegen entweder in Kalk- oder in Feuersteinerhaltung vor. Nur selten finden sich diese Korallen im Muttergestein eingeschlossen. In der Aufsicht erkennt man deutlich die Septen. Ihre Zahl ist übrigens immer durch 6 teilbar (Hexakorallen). Zunächst werden 6 Septen als inneres Stützskelett im Inneren der Koralle angelegt. Beim weiteren Wachstum werden zwischen diesen Septen jeweils neue eingeschaltet. Die längsten Septen sind also die ältesten, die jüngsten sind am kürzesten.
Häufigkeit: gewöhnlich.

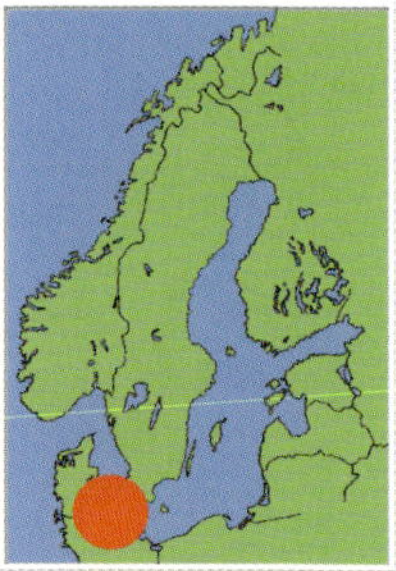

Bryozoen, Moostierchen

Alter: 60 - 70 Millionen Jahre (obere Kreide - unteres Tertiär).
Herkunft: Dänemark, Schonen.
Beschreibung: Feuersteine führen häufig kleine Ästchen sogenannter Bryozoen. Diese Moostierchen sind Kolonien winziger Tiere, die korallenförmig verzweigte Bäumchen oder inkrustierend einen dünnen Belag auf harten Untergründen bilden. In jeder Pore steckt ein kleiner Polyp, der über einen Tentakelkranz Schwebstoffe aus dem Wasser filtert.

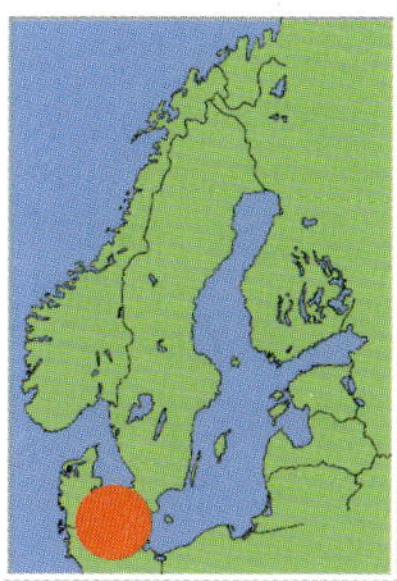

Tiefschwarze Feuersteine, die häufig in Hohlräumen körperlich erhaltene Bryozoen bergen, stammen meist aus der oberen Kreidezeit. Graue, gelbe oder rote Feuersteine mit eingeschlossenen Moostierchen sind etwas jünger (unterstes Tertiär). In diese Zeit gehören auch schmutzig-weiße Bryozoen-Kalke.
Häufigkeit: häufig.

Donnerkeile, Belemniten

Alter: 70 Millionen Jahre (obere Kreide).
Herkunft: Dänemark, Schonen.
Beschreibung: Von Gott Thor mit seinem Hammer durch die Wolken geschlagen, dringen die Donnerkeile 7 Klafter tief in die Erde ein, wachsen pro Jahr ein Klafter nach oben und können nach 7 Jahren an der Oberfläche abgesammelt werden - so die Sage. Donnerkeile helfen gegen Blitzschlag und gegen allerlei Krankheiten. In Wirklichkeit handelt es sich bei den Donnerkeilen oder Belemniten, wie sie in der Fachsprache heißen, um die Spitzen des Gehäuses fossiler Tintenfische, Verwandte des heute noch in der Nordsee lebenden Sepias. Donnerkeile sind bernsteinfarben, radialstrahlig aufgebaut, mit einem zentralen Kanal. Sie finden sich häufig im groben Kies an jeder Steinküste.
Häufigkeit: häufig.

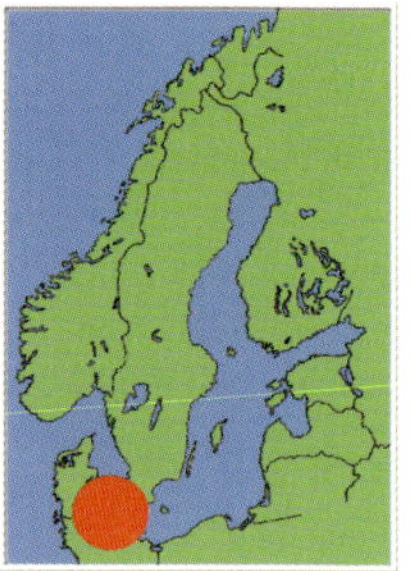

Seeigel

Alter: 60 - 70 Millionen Jahre (obere Kreide - unteres Tertiär).
Herkunft: Dänemark, Schonen.
Beschreibung: Fossile Seeigel am Strand liegen fast immer in Feuersteinerhaltung vor. Die eigentliche Kalkschale ist aufgelöst, übrig blieb der Ausguss des Gehäuses. Charakteristisch ist die fünfstrahlige Symmetrie, die jeder Stachelhäuter besitzt. Fünf doppelte Punktreihen kennzeichnen die ehemaligen Austrittsöffnungen der Ambulakralfüßchen.
Am Strand sind zwei Arten besonders häufig: der längsovale *Echinocorys* (s. Foto), dessen Mund- und Afteröffnung auf der Unterseite beide nahe dem Außenrand liegen, und *Galerites* mit eher rundem Umriss und mittig gelegenem Mund auf der Unterseite.
Häufigkeit: gewöhnlich.

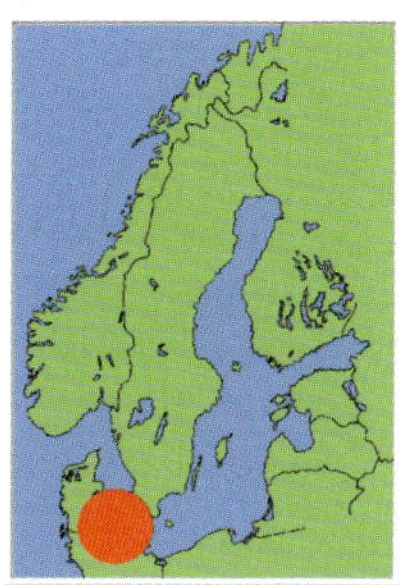

Muschel

Alter: 70 Millionen Jahre (obere Kreide).
Herkunft: Dänemark, Schonen.
Beschreibung: Muscheln gibt es in allen Sediment-Gesteinen, so in Kalkstein, Sandstein, Schiefer und natürlich auch im Feuerstein. Sie gehören zu den häufigsten Fossilien, die man am Strand finden kann. Manchmal ist ein Gestein von Muschelschill erfüllt oder ganze Schichtflächen sind von Muschelklappen bedeckt. Diese Gesteine können aus allen Erdzeitaltern stammen. Besonders häufig sind Muscheln im Feuerstein. Aber Vorsicht! Feuerstein bricht „muschelig", normale Bruchflächen können wie eine Muschel aussehen. Es müssen exakte Umrisse und am besten Anwachslinien erkennbar sein.
Häufigkeit: gewöhnlich.

Auster

Alter: 70 Millionen Jahre (obere Kreide).
Herkunft: Dänemark, Schonen.
Beschreibung: Die dickschalige Auster *Pycnodonte vesicularis* ist gelegentlich am Strand zu finden, zumindest in Schalenbruchstücken, lose oder im Feuerstein eingebettet. Ausgewachsene Exemplare werden bis 12 cm lang und 6 cm dick. Die Muschel ist mit der linken, sehr dicken Klappe am Substrat festgewachsen; die kleine, rechte Klappe liegt wie ein Deckel auf. Kennzeichnend sind die zahlreichen Wachstumslamellen, die der Schale das schichtige Aussehen verleihen. Darin eingeschaltet finden sich blasige Lagen, die der Muschel auch den Namen „Blasenauster" eingebracht haben.
Häufigkeit: gewöhnlich.

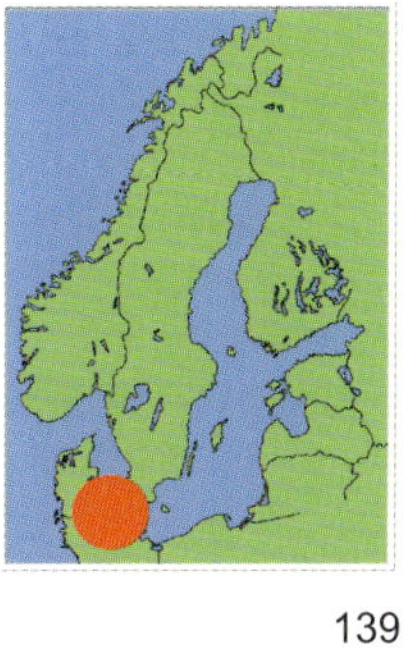

Holsteiner Gestein

Alter: 23 Millionen Jahre (Tertiär).
Herkunft: unbekannt, wahrscheinlich Ostholstein.
Beschreibung: Das Holsteiner Gestein ist ein Kalk-Sandstein, der von Muscheln und Schnecken durchsetzt ist. Viele der Arten gibt es noch heute in der Nordsee, so die Island-Muschel *Arctica islandica* oder der Pelikanfuß *Apporhais*. Die Fauna deutet auf kaltes Wasser hin. Es gibt zwei Varietäten des Holsteiner Gesteins. Eine helle und recht harte Variante und ein dunkelbraunes Gestein, das man Aufschlagen kann und in dessen Inneren man sehr gut erhaltene Gehäuse finden kann.
Das Vorkommen des Holsteiner Gesteins ist auf den ostholsteinischen Raum beschränkt. Funde sind zwischen dem Brodtener Ufer und Kiel-Schilksee möglich, heute aber selten geworden.
Häufigkeit: selten.

Schwermineral-Seifen

Alter: rezent.
Herkunft: zerriebene Gesteine.
Beschreibung: An den meisten Stränden kann man, besonders nach Stürmen, am oberen Wellensaum dunkle Sandbänder entdecken. Es handelt sich dabei um Sandkörnchen „schwerer" Minerale wie Magnetit und Ilmenit, zudem Quarz. Aber auch Halbedelsteine wie Granat, Spinell und Zirkon und sogar winzige Goldnuggets kann man in den sogenannten Schwermineral-Seifen entdecken. Aufgrund ihres Gewichtes werden die schweren Sandkörnchen durch die Wellen sortiert und in schmalen Streifen angereichert. Das Besondere: Der Sand ist magnetisch!
Häufigkeit: häufig.

Durch Tangbewuchs verdriftetes Geschiebe

Alter: rezent.
Herkunft: Meeresboden der Ostsee.
Beschreibung: Häufig findet man, besonders nach einem Sturm, Steine am Strand, die mit Blasentang bewachsen sind. Sie dienten den Braunalgen als Substrat. Der lederartige Tang ist mit scheibenförmigen Haftorganen am Stein angewachsen, so fest, dass sogar große Blöcke durch die Wellen an den Strand geworfen werden können. Der Tangbewuchs führt dazu, dass Geschiebe auch aus größerer Tiefe an den Strand gelangen oder über längere Strecken transportiert werden können.
Häufigkeit: häufig.

Bohrspuren des Bohrringelwurmes

Alter: rezent.
Herkunft: Meeresboden der Ostsee.
Beschreibung: Der Bohrringelwurm *Polydora ciliata* bohrt in Kalksteinen, aber auch in Muschelschalen und anderen Hartgründen kleine, U-förmige Gänge, die meist bis 5 mm, maximal sogar bis 2 cm tief in den Untergrund reichen. An der Öffnung der Röhre findet sich bei lebenden Tieren eine kleine, mit Detritus verschleimte Röhre, die in das freie Wasser ragt. Der Bohrringelwurm selbst ist etwa 3 cm lang. Er kommt im Mittelmeer, in der Nordsee und in der westlichen Ostsee vor. Da er nur in Kalken bohrt, können diese an den kleinen Bohrspuren erkannt werden.
Häufigkeit: häufig.

Lapis luteus

Alter: rezent.
Herkunft: Umgebung des Fundortes.
Beschreibung: An fast allen Küsten können ziegelrote oder fahlgelbe und relativ leichte Gesteine gefunden werden. Sie sind von kleinen Kalk- oder Quarzeinsprenglingen erfüllt. Charakteristisch sind auch zahlreiche, blasenartige Hohlräume, die regellos im Gestein verteilt sind. Mit dem Hammer sind die Blöcke leicht zu spalten. Verwittert kann man sie mitunter mit den Fingern zerbrechen. Sie sind so weich, dass man mit ihnen auf festen Gesteinsoberflächen schreiben kann. Man unterscheidet die roten Ziegelsteine, aus Ton gebrannt, und die gelblichen Backsteine, aus Lehm hergestellt. In diese Gesteinsgruppe gehören auch die gelegentlich vorkommenden Scherben von Tonrohren.
Häufigkeit: häufig.

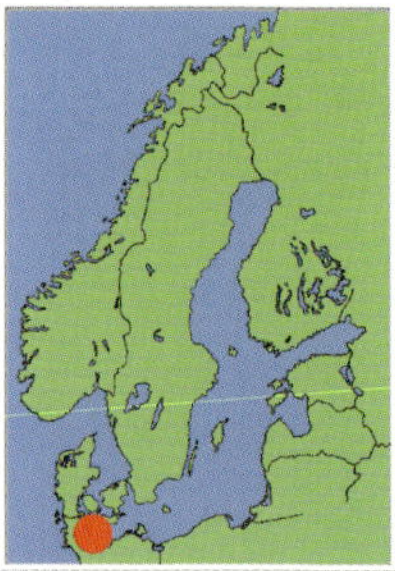

anthropogenes Konglomerat

Alter: rezent.
Herkunft: Umgebung des Fundortes.
Beschreibung: In einer grauen, kalkhaltigen Matrix sind mehr oder weniger zahlreich Gerölle verschiedener Gesteinsarten enthalten, häufig ist Flint. Einige sind sehr klein, mitunter nur so groß wie ein Sandkorn, andere sind deutlich größer, entsprechen der Körnung 8 - 16 mm. Das Gestein ist überall zu finden, an einigen Strandabschnitten tritt es sogar massenhaft auf. Da die Matrix leicht verwittert, sind die Gerölle oft erhaben. Die Blöcke sind im Strandgeröll gut abgerundet, im frischen Zustand eher kantig. Man bezeichnet das Gestein übrigens auch als „Beton".
Häufigkeit: häufig.

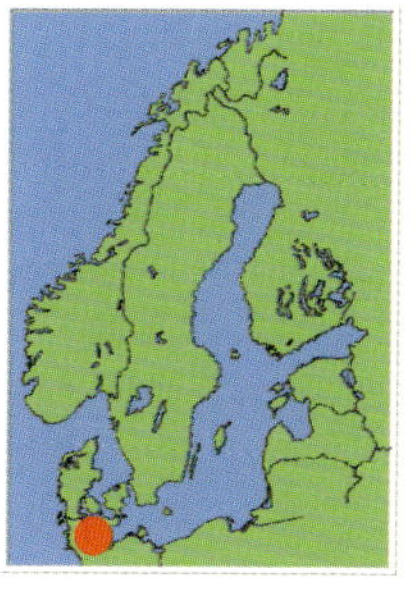

Landschaften in Skandinavien
Heimat der Geschiebe
Norrbotten
Lappland
Ångerman land
Jämtland
Härje-dalen
Nord-baltikum
Finnland
Dalarne
Värmland
Oslo-Gebiet
Uppland
Åland
Närke
Öster-göt-land
Estland
Bohus län
Väster-götland
Gotland
Småland
Lettland
Halland
Blekinge
Öland
Däne-mark
Schonen
Litauen
Bornholm
Polen
Norddeutschland

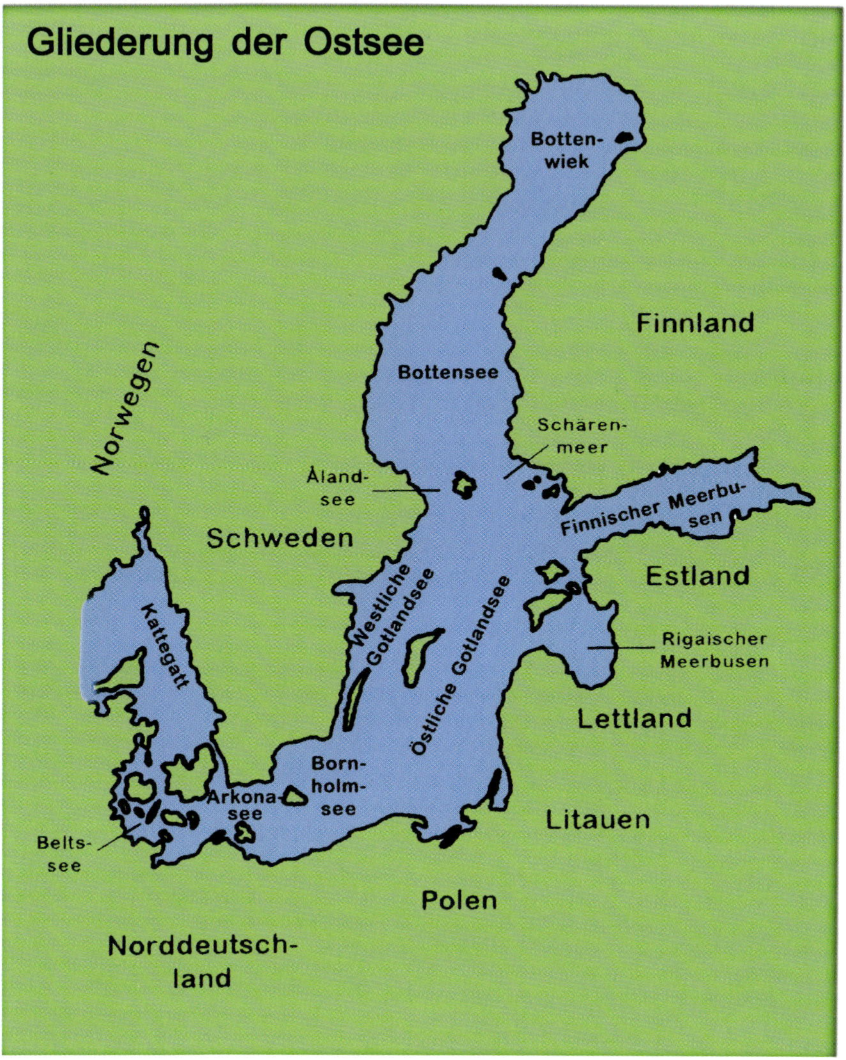
Gliederung der Ostsee
Botten-
wiek
Finnland
Bottensee
Norwegen
Schären-
meer
Åland-
see
Finnischer Meerbu-
sen
Schweden
Estland
Westliche
Gotlandsee
Östliche Gotlandsee
Kattegatt
Rigaischer
Meerbusen
Lettland
Born-
holm-
see
Arkona-
see
Litauen
Belts-
see
Polen
Norddeutsch-
land

Glossar

Augit - dunkle, meist schwarze oder grünschwarze, gedrungene Kristalle. Spaltflächen weniger deutlich als bei Hornblende. Häufig in z. B. Basalt.

Biotit - dunkler Glimmer, häufig, kommt in vielen Gesteinen vor. Hauptbestandteil in Granit und Gneis. Verwittert schneller als Muskovit.

Chlorit - glimmerähnliches, grünliches Mineral, in Blättchen spaltbar.

Detritus - organische oder anorganische Sinkstoffe im Meerwasser.

Einsprenglinge - Einschlüsse in vulkanischen Ergussgesteinen (Porphyr).

Feldspat - Sehr häufiges Mineral, Bestandteil vieler Gesteine. Man unterscheidet Plagioklas (Kalknatronfeldspat) und Orthoklas (Kalifeldspat).

Geschiebe - durch eiszeitliche Gletscher transportierte Gesteinsblöcke.

Glimmer - hauchdünne, biegsame, durchscheinende Mineral-Blättchen. Kommt in fast allen Gesteinen vor.

Hornblende - grünschwarzes bis schwarzes Mineral, häufig in dunklen Gesteinen wie Amphibolit. Glänzende Spaltflächen, Kristalle faserig bis stengelig.

idiomorph - mit eigener Kristallgestalt.

Kalifeldspat - rosa, orange oder rotes Mineral, häufig in Granit, Gneis und Porphyr.

Karlsbader Zwilling - miteinander verwachsene Feldspatkristalle.

Lepidolith - rötlicher bis violetter Glimmer.

Leptit - feinkörniges, metamorphes Gestein, älter als die skandinavischen Granite.

Matrix - die Grundmasse eines Gesteins, in die Gerölle oder Einsprenglinge eingebettet sind.

Muskovit - heller Glimmer, farblos oder leicht getönt.

Myrmekit - Feldspat, der in der Randzone von kleinen Quarzen durchwachsen ist.

Olivin - oliv- bis dunkelgrünes Mineral, das in kleinen Körnchen oder größeren Aggregaten in dunklen Gesteinen wie Basalt vorkommt.

ophitisch - helle Plagioklas-Kristalle, nadelig-verfilzt, kreuz und quer verwachsen.

Orthoklas - der häufigste Kalifeldspat, Hauptbestandteil im Granit und Gneis.

Paläozoikum - Erdaltertum, 540 bis 225 Millionen Jahre.

Plagioklas - weiße, gelbe oder grüne Calcium- oder Natrium-Feldspäte, häufig in Graniten und Porphyren.

poikilitisch - große Mineralkristalle sind von kleinen Mineralenkörnchen wie Quarz oder Hornblende sieb- bis netzartig durchwachsen.

rezent - die Gegenwart betreffend; biologisch: heute noch lebend.

Sedimentit - Sediment- oder Ablagerungsgestein, meist im Meer entstanden.

Trachyt - vulkanisches Ergussgestein.

Trilobiten - asselähnliche, meeresbewohnende Gliedertiere der paläozoischen Meere.

Tuff - Ablagerungen aus windverfrachtetem, vulkanischem Staub.

Xenolithe - Fremdgesteinseinschlüsse, häufig in einigen Graniten.

Zeittafel

Präkambrium

2,0 Milliarden Jahre
- Västervik-Fleckengneis
- Stockholm-Fleckenquarzit
- Urkalk
- Leptite

1,9 Milliarden Jahre
- Sala-Granit
- Uppsala-Granit

1,8 Milliarden Jahre
- Revsund-Granit
- Hälleflinta
- Stockholm-Granit
- Flivik-Granit
- Påskallavik-Porphyr
- Emarp-Porphyr
- Småland-Granite (z. B. Växjo-Granit)
- Venjan-Porphyrit
- Filipstad-Granit

1,7 Milliarden Jahre
- Siljan-Granit
- Garberg-Granit
- Särna-Quarzporphyr
- Bredvad-Porphyr
- Grönklitt-Porphyrit
- Blyberg-Ignimbrit

1,6 Milliarden Jahre
- Ostseequarzporpyhre
- Åland-Rapakivi
- Åland-Quarzporphyr
- Prick-Granit

1,5 Milliarden Jahre
- Rödö-Granit

1,4 Milliarden Jahre
- Karlsham-Granit
- Rönne-Granit
- Hammer-Granit
- Uthammar-Granit
- Jungfrun-Granit
- Vang-Granit

1,35 Milliarden Jahre
- Varberg-Charnockit

1,3 Milliarden Jahre
- Dala-Sandstein

1,2 Milliarden Jahre
- Öje- u. Åsby-Diabas
- Särna-Diabas

970 Millionen Jahre (Metamorphose-Alter)
- Flammenpegmatit (Eduktalter 1,4 Milliarden Jahre)

920 Millionen Jahre
- Bohus-Granit

900 Millionen Jahre (Metamorphose-Alter)
- Granatamphibolit (Eduktalter 1,4 Milliarden Jahre)

700 Millionen Jahre
- Visingsö-Gesteine

600 Millionen Jahre
- Nexö-Sandstein

Kambrium

545 Millionen Jahre
- Kalmarsund-Sandstein
- Skolithos-Sandstein
- glaukonitische Sandsteine

510 Millionen Jahre
- Eophyton-Sandstein

500 Millionen Jahre
- Stinkkalk

Ordovizium

470 Millionen Jahre
- Orthocerenkalk

455 Millionen Jahre
- Macrourakalk

445 Millionen Jahre
- Ostseekalk
- Palaeoporellenkalk

Silur

425 Millionen Jahre
- grünlichgraues Graptolithengestein

420 Millionen Jahre
- grauer Beyrichienkalk

Devon

415 Millionen Jahre
- roter Beyrichienkalk

385 Millionen Jahre

Kugelsandstein
370 Millionen Jahre
beige-rote Dolomite

Perm

295 Millionen Jahre
Kinne-Diabas
Rhombenporphyr
Larvikit

Jura

180 Millionen Jahre
Schonen-Basalt

Kreide

80 Millionen Jahre
Hanaskog-Flint
Bavnodde-Quarzit
Tosterup-Konglomerat
70 Millionen Jahre
schwarzer Feuerstein
Kreide-Kalk

Tertiär

60 Millionen Jahre
Faxekalk
grauer Feuerstein
Bryozoenkalk
Puddingstein
50 Millionen Jahre
Faserkalk
40 Millionen Jahre
Bernstein
30 Millionen Jahre
Sternberger Gestein
20 Millionen Jahre
Holsteiner Gestein
Limonit-Sandsteine
versteinertes Holz

Anmerkung: Nicht alle aufgeführten Gesteine sind in diesem Buch behandelt oder abgebildet, hier ist ein Blick in die Spezial-Literatur notwendig.

Die Millionen-Dimension

Stellen Sie sich vor, Sie beginnen zu zählen. Jede Sekunde eine Zahl. Sie zählen 8 Stunden am Tag, 5 Tage in der Woche, 50 Wochen im Jahr (zwei Wochen Urlaub seien Ihnen gegönnt).

Nach 1 Stunde sind Sie bei 3.600, nach 1 Tag bei 28.000 und nach 1 Woche bei 144.000. Nach fast 7 Wochen erreichen Sie 1 Million, nach 1 Jahr sind Sie bei 7,2 Millionen.

Nach 9 Jahren des Zählens sind Sie am Ende der Kreidezeit, als die Dinosaurier aussterben. Nach fast 80 Jahren (!) erreichen Sie das Kambrium und damit den Beginn des sichtbaren Lebens. Nach 222 Jahren hätten Sie das Alter des Rapakivi-Granites erreicht. Und um zum Ursprung der Erde zu kommen, müssten Sie etwa 640 Jahre zählen, dies entspricht etwa 15 Generationen.

...oder für Kinder

Ihr geht 9 bis 13 Jahre zur Schule. Angenommen, ihr habt jeden Tag 5 Stunden Schule. Und dann sind da noch 10 Wochen Ferien im Jahr.

Wenn ihr dort nichts anderes tun würdet als zählen, dann könntet ihr am ersten Tag bis 18.000 zählen. Ihr wärt nach 1 Woche bei 90.000, nach 1 Jahr bei 3.780.000, nach 9 Jahren Schulzeit bei 34 Millionen (also mitten in der Tertiär-Zeit) und nach 13 Schuljahren bei 49 Millionen. Und da waren die Dinosaurier schon 10 Millionen Jahre lang ausgestorben! Ihr müsstet schon ein paar Mal sitzen bleiben, um bis zum Alter des Feuersteins zu zählen.

Stratigraphische Tabelle

Zeitalter der Erde												
Zeitalter	Prä-kambrium	Phanerozoikum										
		Paläozoikum						Mesozoikum			Känozoikum	
Periode		Kambrium	Ordovizium	Silur	Devon	Karbon	Perm	Trias	Jura	Kreide	Tertiär	Quartär
Epoche oder Stufe	Proterozoikum Archaikum	Ober-, Mittel-, Unter-	Ashgill Caradoc Llandeilo Llanvirn Arenig Tremadoc	Pridoli Ludlow Wenlock Llandovery	Ober-, Mittel-, Unter-	Ober-, Unter-	Zechstein Rotliegendes	Keuper Muschelkalk Buntsandstein	Malm Dogger Lias	Ober- Unter-	Pliozän Miozän Oligozän Eozän Paläozän Danien	Holozän Pleistozän
Beginn vor Mill. Jahren	-25004600	545	495	443	417,5	358	296	251	200	142	65	1,8
Tier- und Pflanzen-welt		marine Wirbellose und Pflanzen	Erste ("Kieferlose") Fische	Erste Land-pflanzen	Erste Amphibien, älteste Insekten	Erste Reptilien, Steinkohlen wälder	Aussterben der Trilo-biten; erste säuge-tierähnliche Reptilien	Erste Säugetiere	Urvogel Archaeopteryx	Aussterben der Ammoniten, Belemniten, Dinosaurier	Entfaltung der Säugetiere	Erscheinen des Menschen; Aussterben zahlreicher Großsäuger
Tier-zeitalter				Zeitalter der Fische		Zeitalter cer Amphibien		Zeitalter der Reptilien			Zeitalter der Säugetiere	
Pflanzen-zeitalter	ALGOPHYTIKUM (Zeitalter der Algen)				PTERIDOPHYTIKUM (Zeitalter der Gefäßsporenpflanzen)			MESOPHYTIKUM (Zeitalter der Nacktsamer)			KÄNOPHYTIKUM (Zeitalter der Bedecktsamer)	
Gebirgs-bildungen (Nord-europa)		Kaledonische Ära			Variszische Ära			Alpidische Ära				

Literatur-Hinweise

Einführende Bücher und Standardwerke zur Geschiebekunde.

BELL, P. & WRIGHT, D. (1987): Gesteine und ihre Mineralien finden und bestimmen. - 192 S., 400 Farbabb.; Stuttgart (Franckh'sche Verlagshandlung).

CALLISEN, K. & GRY, H. (1962): Sten i farver. - 160 S., 46 Abb., 266 Farbabb.; Kopenhagen (Politikens Forlag).

DIETRICH, H. & HOFFMANN, G. (2003): Entstehung und Herkunft der Findlinge. - 28 S., zahlr. Farbabb.; Rostock (Redieck & Schade).

DIETRICH, R.V. & SKINNER, B.J. (1984): Die Gesteine und ihre Mineralien. - 357 S., zahlr. Abb.; Thun (Ott-Verlag).

GRAVESEN, P. (1993): Fossiliensammeln in Südskandinavien. - 248 S., zahlr. Abb.; Korb (Goldschneck-Verlag).

GRIPP, K. (1964): Erdgeschichte von Schleswig-Holstein. - 411 S., 63 Abb., 11 Tab., 57 Taf., 3 Kt.; Neumünster (Wachholtz-Verlag).

HEIDE, G.D. V.D. & HELLINGA, W. TJ. (1974): Zwerfstenen. Herkomst en benoeming van geologische materialen in Nederland. - 336 S., 109 Zeichnungen, 64 sw-Fotos, 96 Farbfotos; Naarden (A.J.G. Strengholt's Boeken).

HELLINGA, W.TJ. (1980): Elseviers Zwerfstenen Gids. - 246 S., 250 Farbabb.; Amsterdam, Brüssel (Elsevier).

HESEMANN, J. (1936): Zur Petrographie einiger nordischer kristalliner Leitgeschiebe. - Abhandlungen der Preußischen Geologischen Landesanstalt, N.F., 173: 167 S., 14 Tab., 7 Taf.; Berlin.

HESEMANN, J. (1975): Kristalline Geschiebe der nordischen Vereisungen. - 267 S., 44 Abb., 29 Tab., 9 Taf.; Krefeld (Geol. Landesamt Nordrhein-Westfalen).

HUCKE, K. & VOIGT, E. (1967): Einführung in die Geschiebeforschung (Sedimentärgeschiebe). - 132 S., 24 Abb., 5 Tab., 50 Taf., 2 Kt.; Oldenzaal (Nederlandse Geologische Vereiniging).

KAHLKE, H.D. (1994): Die Eiszeit. - 192 S., zahlr. Abb.; Leipzig, Jena, Berlin (Urania-Verlag).

KORN, J. (1927). Die wichtigsten Leitgeschiebe der nordischen kristallinen Gesteine im norddeutschen Flachlande. Ein Führer für den Sammler kristalliner Gesteine. - 64 S., 6 Taf., 8 Karten; Berlin (Preuß. Geol. Landesanstalt).

LIJN, P. VAN DER (1935): Nederlandse zwefstenen. - 150 S., 300 Fotos; Zutphen (Thieme).

LIJN, P. VAN DER (1963): Het Keienboek. - 361 S., 322 Abb., 112 Fotos; Zutphen (Thieme).

LINDSTRÖM, M. & LUNDQVIST, J. & LUNDQVIST, T. (2000): Sveriges geologi från urtid till nutid. - 491 S., zahlr. Abb., 59 Farbbilder; Lund (Studentlitteratur).

LUNDEGÅRDH, P. & LAUFELD, S. (1984): Norstedts stora Stenbok. Mineral, Bergarter, Fossil. - 376 S., 104 Abb., 369 Farbbilder; Stockholm (Norstedt & Söners Förlag).

LÜTTIG, G. (1958): Methodische Fragen der Geschiebeforschung. - Geologisches Jahrbuch, 75: 361-418, 17 Abb., 1 Tab., 3 Taf.; Hannover.

MADSEN, L. (1993): Strandsteine aus Dänemark. - 32 S., zahlr. Farbabb.; Brenderup (Geografforlaget).

MARESCH, W. & MEDENBACH, O. (1987): Steinbachs Naturführer: Gesteine. - 287 S., 90 Abb., 380 Farbfotos; München (Mosaik-Verlag).

MILTHERS, K. (1972): Stenene og det danske landskab. - 48 S., 9 Abb., 4 Farbtaf.; Aschehoug, Kopenhagen (J.Fr. Clausens Forlag).

PAPE, H. (1988): Leitfaden zur Gesteinsbestimmung. - 152 S., 65 Abb., 9 Tab.; Stuttgart (Enke Verlag).

ROTHE, P. (2002): Gesteine. Entstehung, Zerstörung, Umbildung. - 192 S., 177 Abb.; Darmstadt (Wissenschaftliche Buchgesellschaft).

RUDOLPH, F. (1997): Geschiebefossilien, Teil 1: Paläozoikum. - Fossilien, Sonderheft 12: 64 S., 4 Tab., 28 Taf.; Korb (Goldschneck-Verlag).

RUDOLPH, F. & BILZ, W. (2000): Geschiebefossilien, Teil 2: Mesozoikum. - Fossilien, Sonderheft 14: 64 S., 9 Abb., 24 Taf.; Korb (Goldschneck-Verlag).

SCHMIDTKE, K.-D. (1995): Die Entstehung Schleswig-Holsteins. - 128 S., zahlr. Abb.; Neumünster (Wachholtz-Verlag).

SCHULZ, W. (2003): Geologischer Führer für den norddeutschen Geschiebesammler. - 507 S., zahlr. Abb.; Schwerin (cw Verlagsgruppe).

SMED, P. & EHLERS, J. (2002): Steine aus dem Norden. Geschiebe als Zeugen der Eiszeit in Norddeutschland. 2. Auflage. - 194 S., 83 Abb., 34 Farbtaf.; Berlin, Stuttgart (Borntraeger).

VINX, R. (2002): Gesteine des Baltischen Schildes in Norddeutschland: Glazialgeschiebe an der Ostseeküste von Schleswig und NW-Mecklenburg. - Beih. z. Eur. J. Mineral., 14 (1): 219-242, Abb. 1-5; Stuttgart.

YDE, T. (1998): Sten og forsteninger i Danmark. - 48 S., zahlr. Farbabb.; Risskov (Klematis).

ZANDSTRA, J.G. (1988): Noordelijke kristallijne gidsgesteenten.- 469 S., 51 Abb., 32 Farbfotos; Leiden, New York, Kopenhagen, Köln (E.J. Brill).

ZANDSTRA, J.G. (1999): Platenatlas van noordelijke kristallijne gidsgesteenten. - 412 S., 31 Abb., 272 Farbfotos; Leiden (Backhuys).

DER GESCHIEBESAMMLER. Eine populärwissenschaftliche Zeitschrift für Sammler nordischer Geschiebe. Seit 1966. - Verlag Dr. Frank Rudolph, Wohldtor 12, D - 24601 Wankendorf. Internet: www.geschiebesammler.de.

GESCHIEBEKUNDE AKTUELL. Mitteilungen der Gesellschaft für Geschiebekunde, gegründet 1984. - Verlag Dr. Roger Schallreuter, Institut für Geographie und Geologie, Universität Greifswald, Fr.-Ludwig-Jahn-Str. 17a, D - 17489 Greifswald. Internet: www.geschiebekunde.de.

Bezugsquelle für geologische Bücher: www.fossilbuch.de.

Index

Anhang

Danksagung

Für wertvolle Hinweise, fruchtbare Diskussionen, mühsames Korrekturlesen, wichtige Ergänzungen und gemeinsame Exkursionen danke ich Dipl.-Geol. Johannes Jannsen (Gettorf), Jan Kottner (Berlin), Prof. Dr. Klaus-Dieter Meyer (Niedersächsisches Landesamt für Bodenforschung, Hannover), Dr. Karsten Obst (Landesamt für Umwelt, Naturschutz und Geologie Mecklenburg-Vorpommern, Güstrow), und Prof. Dr. Roland Vinx (Mineralogisch-Petrographisches Institut der Universität, Hamburg). Herrn Rudolf Mende (Raisdorf) danke ich für das Bild des Rektangel-Porphyrs.

Hinweis: Bei Bedarf können in begrenztem Umfang Schul- oder Lehrsammlungen in verschiedenen Größen zusammengestellt werden. Anfragen sind zu richten an: info@geschiebesammler.de.

Anhang

Der Autor

Diplom-Biologe Dr. Frank Rudolph, Jahrgang 1963, studierte Zoologie und Paläontologie an der Universität Kiel. In seiner Diplomarbeit untersuchte er Kopfmuskelansatzstellen von Trilobiten im Hinblick auf Funktionsmorphologie, Systematik und Phylogenie. Die Arbeit wurde 1993 mit dem Wissenschaftspreis des Landes Schleswig-Holstein ausgezeichnet. Seine Dissertation im Jahr 1994 behandelte die Trilobiten der mittelkambrischen Geschiebe. Bisher sind über 50 Publikationen von ihm erschienen. Seit 1992 ist er als wissenschaftlicher Fachbuchhändler tätig. Er ist Herausgeber der Zeitschriften „Geschiebesammler" und „Erratica. Monographien zur Geschiebekunde". 1999 innitiierte er den Aufbau des Schleswig-Holsteinischen Eiszeitmuseums. Bereits als Grundschüler sammelte er Fossilien, spezialisierte sich Anfang der achtziger Jahre auf altpaläozoische Geschiebe und hier auf die Trilobiten. Seine Sammlung bildete den Grundstock für die Ausstellungen im Eiszeitmuseum. Gegenwärtige Forschungsschwerpunkte sind Trilobiten der kambrischen und ordovizischen Geschiebe. Er ist Vorstandsmitglied der „Gesellschaft für Geschiebekunde" und der „Geologisch-Paläontologischen Arbeitsgemeinschaft Kiel".